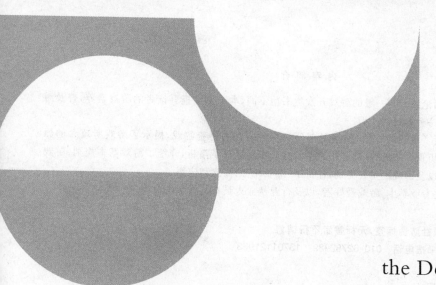

Game Art
the Development Course
from Tradition
to Modernity

# 游戏艺术

## 从传统到现代的发展历程

李 茂◎编著

Li Mao

清华大学出版社

北京

## 内 容 简 介

本书对游戏进行了全面论述。与一般的游戏开发类书籍不同，本书侧重提升读者的游戏素养，普及游戏基础知识，使其对游戏有一个客观的认识。

本书共13章，主要概括了游戏的特征，整理了部分具有代表性的传统游戏，揭示了游戏所蕴含的原理，回顾了电子游戏的发展历程，并对部分具有代表性的经典作品进行了简析，介绍了游戏基本规则、游戏关卡、游戏视觉的普遍规律以及游戏的主要类别，探讨了"游戏化"的概念和应用。

本书对于游戏娱乐相关专业学生、游戏爱好者，以及行业从业人员都具有参考价值。

**图书在版编目（CIP）数据**

游戏艺术：从传统到现代的发展历程/李茂编著. —北京：清华大学出版社，2019
ISBN 978-7-302-53235-4

Ⅰ．①游… Ⅱ．①李… Ⅲ．①游戏—软件设计 Ⅳ．①TP311.561

中国版本图书馆 CIP 数据核字（2019）第 129406 号

责任编辑：盛东亮　钟志芳
封面设计：吴　刚
责任校对：徐俊伟
责任印制：李红英

出版发行：清华大学出版社
　　　网　　　址：http://www.tup.com.cn, http://www.wqbook.com
　　　地　　　址：北京清华大学学研大厦 A 座　　　　邮　　编：100084
　　　社 总 机：010-62770175　　　　　　　　　　　邮　　购：010-62786544
　　　投稿与读者服务：010-62776969, c-service@tup.tsinghua.edu.cn
　　　质量反馈：010-62772015, zhiliang@tup.tsinghua.edu.cn
　　　课件下载：http://www.tup.com.cn, 010-62795954
印　装　者：北京嘉实印刷有限公司
经　　销：全国新华书店
开　　本：186mm×240mm　　印　张：14　　　　字　　数：308 千字
版　　次：2019 年 11 月第 1 版　　　　　　　　　印　　次：2019 年 11 月第 1 次印刷
定　　价：59.00 元

产品编号：067302-01

# 序言
## PREFACE

与诸多游戏专著相比,本书的不同之处在于:从传统游戏到电子游戏,从游戏理论到实例分析,从制作工具到行业市场,书中皆有所提及——虽不敢说无所不包,但其涉及游戏相关领域之广泛、内容之全面、考察之细致,值得读者细细研读。阅读本书我们能够看出编者的用心。这本书至少具备以下重要的功能。

其一,对于希望了解游戏,或因个人兴趣或工作与研究需要,想在短时间内对游戏艺术建立起尽可能全面认识的人而言,本书将是一个不错的选择。比起各种纷繁复杂的专题研究,本书提供了一个清晰易懂的知识体系。此外,即使对于自我感觉已十分熟悉游戏的人而言,他们也应该适当阅览此书,正如编者在前言中所说,"研究古代传统游戏的人可能对现代电子游戏没有太多的关注;而现代电子游戏的研究者,又对古代传统的游戏艺术文化研究相对较少"。事实上无论是游戏从业人员、教育者、研究者、开发者还是玩家,通常都只专注于自己所擅长或深耕的领域,本书也许会使其以其他人的视角来观察游戏,拓宽其对游戏了解的维度,这种转换或许能给他们带来一些新的思考与灵感。

其二,作为索引。编者完成了大部分的归纳总结与筛选的工作,当我们想快速获取某一方面的大量信息时,无须再在网络与书海中进行地毯式的搜索,本书章节的安排、知识的分类方式都清晰易懂,读者可以略过自己不关心的部分,提取兴趣点,再进一步搜索编者提到的作品,或追溯参考文献中的来源进行更深入的了解。

其三,用于教学。书中每章结尾都附有针对本章内容的思考与练习题,作为教育工作者,这也是我最关注的一点。从教学应用的角度看,教师可直接将其作为课堂练习或作业布置给学生,自学者也可通过这种方式检验自己对知识的掌握情况;从教育研究的角度看,这些练习题进一步强调了每个章节的重点内容,我们也能从中窥探到作者的思路,仅凭阅读作者在文中呈现的一些内容也许不能明确理解作者的目的,但从这些练习题中,教育者可以更清晰地体察到作者希望学生在这章中学到什么,从而也作为规划自己教学方式与重点的一份参考。

在此,希望本书能够拓宽读者的视野,帮助读者建立起更系统化的游戏知识体系,并使读者从中获得一定的启发。

张兆弓

中央美术学院未来媒体工作室导师

# 前言
## FOREWORD

10多年前,我有幸在高校参与国内较早的游戏设计专业课程体系的建设。当时,对游戏行业人才的需求开始凸显,国内部分高校开始开设游戏相关课程。但在教学中能够使用的游戏基础理论资料非常有限,更没有合适的教材。于是我开始思考构建游戏理论课程内容体系,并着手编著一本关于游戏基础理论的书籍。

随后,游戏行业持续发展,也有越来越多的高校开设了游戏相关课程,相关的理论研究书籍也逐渐增多。结合多年的教学经验,本书经过不断修改、不断调整,对于究竟什么是游戏,我们为什么需要游戏,需要什么样的游戏以及在游戏相关专业的教学中应该学习哪些游戏的基础知识等问题做了更多的思考。

随着技术的革新与变化,总有一些新的游戏形式出现,但不管怎样变化,也总有一些不变的元素。因此,本书希望确定一些相对来说不会过时的游戏理论与基础知识。不管是古代传统游戏还是当下的电子游戏,都不过是游戏的形式发生了变化,对游戏的本质而言,实际并没有太大的变化。

在游戏娱乐行业快速发展的时代,除了对热点游戏的分析研究以外,应该跨越某些具体游戏类型的规则和术语,有更多对游戏本身的研究。同时,使游戏的基础理论研究应用于产业,游戏理论与实际开发衔接,游戏研究和开发领域都能够有所创新和突破。

游戏是人类文化生活的重要组成部分,游戏的发展伴随着人类历史的发展,尤其是在今天的移动互联网时代,当科技能为文化娱乐活动在技术上提供极大便利时,游戏更成为生活不可或缺的内容,对于在电子游戏环境中成长起来的新一代尤其如此。

近年来,原创游戏有了实质性的发展。技术的进步使游戏开发的门槛进一步降低,从而使更多游戏开发爱好者实现了创作的愿望。从创新实践的角度,游戏设计也容易成为许多游戏爱好者,特别是计算机、软件技术专业学生的选择。对于开发者来说,需要了解游戏的起源和发展、游戏的基本特点、游戏与人类社会发展的关系等,真正理解游戏娱乐的本质,才能保持持续的创新。

游戏的研究者可以分为两类:一类是古代传统游戏的研究者,所研究的是传统文化的一部分,这部分研究者可能对现代电子游戏没有太多的关注;另一类是现代电子游戏的研究者,是相对年轻的群体,但对古代传统的游戏艺术文化研究相对较少。目前,关于游戏的研究资料也可以大致分为这样两部分。这是本书将传统游戏相关内容与电子游戏结合的原因。

除了游戏行业本身,近年来,把游戏核心元素应用到其他领域的"游戏化"概念也被广泛探讨,希望发掘游戏更多的积极意义。因此,对游戏的基础理论进行学习和研究,既有意义,也有必要。

在教学活动中,建议结合书中涉及的具体游戏作品的影像资料阐释相关理论和规则。书中每个章节,都设置了相应的课堂讨论和练习,可以根据具体情况合理选择,以理解游戏语言与规则,拓展游戏思维。建议以团队的方式完成课堂和课后练习,这有利于培养学生团队的协作和沟通能力。

本书最终完成之际,游戏行业也发展到了一个新的阶段。截至 2018 年底,中国已有上市游戏公司 199 家,新三板挂牌游戏公司 142 家,中国已经成了全球最大的游戏市场。而在游戏带来的诸多社会热点问题中,大多还是负面的信息,这既有游戏本身的问题,也有大众对游戏缺乏全面和客观了解的原因。这也是编写本书的原因。

编著者

2019 年 6 月

# 目录
## CONTENTS

### 第 1 章

# 游戏概述

本章主要认识游戏的特点,从艺术的角度理解游戏的起源,从而理解游戏的概念。

有多少人一生没有接触过游戏呢?从原始社会开始,游戏就伴随着人类社会的发展而发展,成为人们生活中不可或缺的一部分,游戏史几乎就是一部人类文明发展史。从简单的娱乐方式,发展到今天结合先进计算机技术及传媒手段的游戏产品,游戏在发展进程中不断丰富着形式和内容,丰富着人们的生活。

除了单纯的游戏项目,其实人类许多行为都包含游戏成分,这是被普遍接受的观点,即便一些古老的行为都具有游戏的元素,如古希腊辩论赛、古代竞技运动等,这些行为有双方的交互,也有目标和结果。著名的游戏研究学者约翰·赫伊津哈认为,文化就是在游戏的氛围和形态中发展起来的。

2013 年,国外曾经公布的一项调查表明,一个普通的电子游戏玩家到 21 岁时,在游戏上花费的时间已经相当于他整个中学阶段的上课时间;全世界人玩接龙游戏的时间为 90 亿小时,相当于建设 500 条巴拿马运河的时间;全世界人每周花在游戏上的时间是 32 亿小时。随着互联网技术的发展和智能移动设备的普及,这些数据还在不断变化。游戏已与人们的生活分割不开,已成为文化娱乐活动的重要内容。因此,对游戏进行系统科学的了解,既有意义,也有必要。

## 1.1 游戏的概念

游戏是每个人都熟悉的词汇,但要对游戏进行简单准确的定义,似乎并不容易。单从字面理解,"游"有从容地行走、闲逛,打发空闲时间的意思;"戏"就是玩耍的意思。"游戏"是指娱乐活动,如捉迷藏、猜灯谜等,是使人快乐,用于消遣的有趣的活动。西方国家对游戏的解释为"游戏是人们依据一定的规则进行比赛的活动(包括体育活动)",强调了体育活动,奥运会和亚运会等正式的体育运动赛事,都是使用的 Game 这个词,竞技游戏也已被确定成了国际和一些地区运动会的比赛项目。事实上,很多时候读者会将某些非正式比赛项目的体育活动称为游戏,而将一些公共场合进行比赛的运动项目排除在游戏的范畴之外。因此,关于游戏的概念,就有广义与狭义之分。

### 1.1.1 广义的游戏

除游戏产品外,广义的游戏形式包含日常的一些有趣活动,如网络上的众筹和众包行为等,著名的代表性事件是2009年英国卫报发起的调查议员腐败案。它们有一定的目标,人们主动参与,活动进行中有互动,最后有结果,参与者也在结果中获得了成就感。另外,自己主动制作内容,并在互联网上分享的行为,也被看作是广义的游戏形式。它们本身具备了娱乐的形态,如果再增加一些游戏的元素,就可以成为游戏产品。

实际上,在日常工作中,都有一些有趣的元素,只要找到这些元素并将它们扩展,就是一件非常有趣的事情,这也是游戏创意来源的方式之一。游戏行业的领导者,日本任天堂公司开发的一些游戏产品,如脑训练计划、健康计划和发短信等项目,就是源于这样的理念。

### 1.1.2 狭义的游戏

当尝试给游戏下定义时,都是以游戏产品为对象,这是狭义的游戏概念。生活中常常说玩游戏,往往是对空闲时间的消费,但这些都不足以表达游戏的本质。迄今为止对游戏的定义都不够准确,争议一直存在,这是游戏领域普遍接受的观点。约翰·赫伊津哈认为,人类文明没有给游戏的一般观念加上本质的特点。下面可以从以往的游戏理论研究者和游戏设计师对游戏的描述理解游戏的概念。

- 席德·梅尔:可以用有没有趣来区分游戏好不好玩,玩家在享受游戏时会遇到许多选择,从而反复做决定,而好游戏就是能够让玩家一直做出有趣的决定。
- 亚里士多德:游戏是劳作后的休息和消遣,是本身不带有任何目的性的一种行为活动。
- 凯特·萨隆(游戏研究开拓者之一):游戏是玩家参与规则定义的虚拟冲突,进而产生能够量化结果的机制。
- 詹姆斯·卡尔斯(哲学家):游戏分为两种,一种是有尽头的游戏,为了获胜;一种是无尽头的游戏,为了尽量长时间地玩下去,看看究竟能玩多久。
- 约翰·赫伊津哈:游戏是在某一固定时空中进行的自愿活动或事业,依照自觉接受并完全遵从的规则,有其自身的目标,并伴以紧张、愉悦的感受,和有别于“平常生活”的意识。
- 欧内斯特·亚当斯:游戏是在一个模拟出的真实环境中,参与者遵照规则行动,尝试完成至少一个既定的重要目标的娱乐性活动。
- 宫本茂:用有没有趣区分游戏好不好玩,好游戏就是能够让玩家一直做出有趣的决定。

综合以上学者及设计师的观点,目前普遍使用的游戏简单定义是:游戏是一种以好玩的态度解决问题的活动。

### 1.1.3　游戏的另一面

在一些人眼里,游戏也是一个敏感的词汇,容易与不务正业、成瘾等联系在一起,尤其是对于青少年。出现这种现象的根本原因,除了缺乏对游戏本质的认识和理解外,还有不可否认的一点,就是人性的弱点。人们很难实现对自我的理性管理,因此,在关于游戏的话题讨论中,人的理性因素就显得更重要。如果无法实现对自己的理性约束,就容易出现令人质疑和不安的情况,从而玩物丧志、偏离正道,表现出了人性的软弱,这也是帕斯卡的观点。而游戏本身在道德范畴之外,它既非善亦非恶,并没有道德评价的意义。

还有,传统游戏历来与赌博有着千丝万缕的联系,这也是游戏娱乐活动的另一面。从罗新本的《中国古代赌博习俗》一书中可以看出,在中国传统游戏的发展史上,一直与赌博有着剪不断的联系。赌博始终伴随着古老的竞技运动,是古老游戏的前提,以钱或其他物质作为赌注是为了增强比赛的刺激性,也是为了确保比赛的严肃性和秩序性。

## 1.2　游戏的特点

游戏是一门综合性艺术,涉及数学、美学、写作、人类学、历史、心理学以及计算机技术等多方面内容,尤其是艺术、计算机技术和心理学。相对于其他文化娱乐形式,游戏的主要特点是什么呢?读者可以通过写出自己熟悉的多个不同类型的游戏,看看它们有哪些共同的特征,从而归纳出游戏的主要特征。

游戏具有不同于音乐、电影及戏剧等其他文化艺术形态的自身特点。游戏研究者凯特·萨隆在《游戏规则》一书中,列出了一些重要游戏研究者和开发者对游戏特征的描述,排在首位的特征是:游戏有限制玩家的规则,其他还包括有竞争冲突、有目标结果、有行为过程以及自发性和决策性等。结合 Jesse Schell 和 Ernest Adams 等其他游戏研究者的观点,游戏的主要特征可以概括为下面几个部分。

### 1.2.1　条件规则

当玩游戏时,几个人参与,在什么样的场地进行,是同时进行还是谁先谁后,什么算输、什么算赢,什么情况下是平局以及如何达到目标等,都需要有规则的约定和限制。即使是《华容道》这样的一个小游戏,也涉及游戏开始时棋子如何摆放、如何行棋以及如何算胜利等一系列的规则。实际上,所有的游戏都是在一定的规则下运行的,一个游戏就是一系列规则的集合。

以玩具与游戏的区分为例,玩具往往没有固定的玩法,没有目标规则,如布娃娃和汽车玩具模型等。而游戏则不同,游戏都会有一定的规则,也会有一个结果,这是两者最主要的区别。因此,规则是游戏最本质的特征,也是游戏进程的保障。有规则限制也是凯特·萨隆的实验中,游戏学者和设计师们唯一都提到的游戏特征。

## 1.2.2 交互行为

当人们在听音乐、看戏剧、电影、展览等文化娱乐活动时,是处于被动状态的,被动接受内容。而游戏则不同,在游戏过程中,玩家参与其中,玩家的行为推动着游戏的进程,影响着游戏的结果,是主动参与的过程。交互行为是游戏区别于其他文化娱乐形式最主要的特点之一。游戏有目标任务,玩家对目标任务的完成情况以及达到的程度,是对玩家在游戏中行为的一个最终反馈,都是由玩家决定的。

## 1.2.3 任务和目标

除了条件规则和交互行为外,游戏具有的普遍特征就是有任务和目标。在游戏中,玩家的互动行为是为了完成一定的任务,也是为了达成在游戏中的最终目标。在棋类、格斗和竞速等游戏中其目标是为了获胜,在角色扮演游戏中其目标是完成任务升级,在解密游戏中面对不同谜题,玩家在游戏中始终面对任务和挑战,既有最终的目标和挑战,也有阶段性任务。随着数字媒体的进一步发展,游戏的内容和形式被进一步拓展,但目标和任务始终不会改变。

美国游戏设计师 Jesse Schell 曾在《全景探秘——游戏设计艺术》一书中举过一个例子:一名装配工人,要在 43 秒的时间内完成工作环节的装配任务,而他一直在不断地刷新纪录,不断地挑战自己,他认为这是一件有趣的事情,以至于到后来平均时间减少到了 28 秒。他在这个岗位上工作了 5 年多,每天重复 600 多次这样的操作,依然热爱这份工作,将工作当作游戏,这都源于对任务挑战的兴趣。

## 1.2.4 其他特征

对于游戏特征的探讨,曾经也有将输赢结果作为游戏特点之一的观点。输赢结果显然是很多玩家在游戏中最在乎的因素,尤其是在传统游戏里。但在电子游戏中会发现许多游戏都不满足这个条件,如《模拟城市》《我的世界》,或传统游戏中的七巧板等。另一种相反的观点则是有输赢结果的就不能算作是真正的游戏。

说到游戏,与之相连的一个字就是"玩",我们常说玩游戏,意味着游戏得有趣味,或让人愉悦,好游戏就是玩起来有趣的游戏。游戏娱乐是没有功利性的、快乐有趣的自由审美活动,是人类追求快乐、缓解生存压力的一种天性。游戏令人愉快,孔子讲"乐而忘忧"就是这个意思,在游戏活动中能让人忘却生活中的不快。因此,娱乐身心就被部分学者认为是游戏的又一特征,而与之相反的观点则认为,游戏中应当具有紧张成分和严肃性,而不是愉悦感。

# 1.3 游戏的起源

约翰·赫伊津哈认为,文明是在游戏中发展起来的,文化是以游戏的形式展现出来且一开始就处于游戏当中。在文化发展的早期阶段蕴含有游戏的特质,文化在游戏氛围和游戏形态中推进。早期的人类活动,艺术与生产的界限并不明显,艺术的超越世俗的功能性没有完全体现出来,随着社会的发展,这种状态逐渐开始改变。到 2011 年,美国联邦政府下属的国家艺术基金会将互动游戏列为艺术资助的范围,现在比较普遍的观点是将游戏作为一种艺术形式,也称为第九艺术。因此,从艺术的角度看游戏的起源,有助于加深读者对游戏的理解和认识。

历史上的许多学者在艺术起源这一领域进行了研究,从不同的角度提出了各种关于艺术起源的学说,揭示了人类艺术发生的某些条件和根据。艺术起源学说,可以帮助读者从不同方面了解游戏的起源及其原因,从而进一步理解游戏的本质。下面对这些学说分别进行介绍。

## 1.3.1 模仿说

模仿说的观点认为,模仿是人类固有的天性和本能,人类早期的艺术源于模仿,像早期的舞蹈、绘画及音乐等艺术形式,起源于人类对自然的模仿。模仿说是关于艺术起源问题的最古老的理论,在古希腊哲学家看来,所有艺术都是模仿的产物。这种对现实世界的模仿,既包括事物的外观形态,也包括内在的规律和本质。而且模仿能力是人从小就有的天性和本能。

模仿也被认为是游戏的特征之一,称为游戏的模拟性,大多数游戏都可以从模拟的角度进行解释。即使是中国象棋这一类游戏,也可以理解为是对一场在虚拟空间进行的战争的模拟,包括更抽象的中国围棋。在游戏类别的划分上,也曾将模拟作为游戏的类别之一。

## 1.3.2 游戏说

游戏说认为艺术起源于游戏,其代表人物是德国著名美学家席勒和英国学者斯宾塞。席勒通过对游戏和审美自由之间关系的比较研究,首先提出了艺术起源于游戏的观点,认为艺术是一种以创造形式外观为目的的审美自由的游戏。人们只有在一种精神游戏中才能彻底摆脱实用和功利的束缚,从而获得真正的自由。游戏说还认为,人的审美活动和游戏一样,是一种对过剩精力的消耗,因为人类不需要以全部精力从事维持和延续生命的物质活动,在自由的模仿活动中就有了游戏与艺术活动。游戏说的观点认为,游戏虽然没有直接的实用价值,但对于游戏者有练习的意义,有益于个体和整个群体的生存。

游戏说揭示了艺术发生的生物学和心理学方面的某些必要条件,如艺术的娱乐性和审美性等,揭示了精神上的自由是艺术创造的核心,有助于读者理解艺术和游戏的本质。

### 1.3.3 表达说

表达说认为艺术起源于人类表现和交流情感的需要,情感表现是艺术最主要的功能。在这种学说看来,原始人通过各种艺术表达他们的情感,从而促成了艺术的产生和发展。通过动作、线条、色彩、声音以及言词所表达的艺术形象的传达,使别人也能体验到同样的感情。这样,作者所体验到的感情感染了观众或听众,这就是艺术活动。在游戏设计中,游戏创作者就是通过游戏作品把自己想要表达的体验传达给别人,而游戏用户则可以通过游戏获得自己某种情感的表达。

### 1.3.4 其他学说

关于艺术起源还有一些其他学说,也有助于读者从多角度进一步理解游戏,包括祈祷说和记录说等。原始社会留存的壁画中,不管是西班牙的阿尔塔米拉还是法国的拉斯科,都有大量中箭猎物的画面,祈祷说的观点认为这是原始人出猎前完成的画面,是表达对狩猎结果的良好祈望。在游戏中玩家获得的成功,往往也是在现实生活中无法实现或难以实现的,他们能够在游戏中获得成就感。艺术的记录功能似乎与游戏关联不大,但一些新的游戏,如《家务战争》等平行实景游戏的出现,则体现了艺术与游戏在这方面的关系。

**思考与练习**

1. 写出多款不同游戏,列出它们的相同之处,并说出游戏有哪些特征。

2. 列出自己最喜欢的 5 款游戏,包括物理游戏,分别写出喜欢的原因,并做分析和探讨。

3. 在一款具体的游戏中,尝试说出什么元素有趣?为什么有趣?好的游戏好在什么地方?差的游戏的缺点是什么?可以通过怎样的改进形成一个新的游戏项目?

4. 理解游戏目标:以五子棋为例,将获胜条件改为五子连成线。

**参考文献**

[1] 约翰·赫伊津哈.游戏的人[M].杭州:中国美术学院出版社,1998.

[2] 渡边修司,中村彰宪.游戏性是什么[M].付奇鑫,译.北京:人民邮电出版社,2015.

[3] 亚当斯.游戏设计基础[M].王鹏杰,董西广,霍建同,译.北京:机械工业出版社,2010.

[4] Jesse Schell.游戏设计艺术[M].刘嘉俊,陈闻,陆佳琪,等译.北京:电子工业出版社,2016.

[5] Katie Salen Tekinbas, Eric Zimmerman. Rules of Play: Game Design Fundamentals[M]. America: The Mit Press,2003.

### 第 2 章

# 中国传统游戏

本章主要介绍一些中国传统游戏,以便读者了解其主要规则和文化,理解其核心玩法。为了与电子游戏区别,传统游戏(或实体游戏)是指不借助电子媒介的游戏形式,也称为物理游戏。

在人类社会的发展史上,游戏娱乐活动一直是人们日常生活中必不可少的部分。原始社会时,就出现了一些游戏娱乐活动,并逐渐形成具有完整规则的游戏项目。这些曾经的娱乐形式,有的已经消失,有的则逐渐演化,流传至今。随着国际文化交流与传播的深入,一些游戏项目也在世界范围内产生了广泛的影响。

有些古代传统游戏,看似简单,却蕴含了丰富的游戏机制及可以被广泛借鉴的游戏规则。今天大家熟悉的一些热门电子游戏的基本原理,大都来自于这些传统游戏,或者能从中找到一些相似的游戏元素。这些游戏在长期的发展过程中,不断被修改与完善,其规则更具合理性和趣味性。

需要特别说明的是,因为起源及传播路径已无法考证,本章选择的部分中国传统游戏,可能本身并不一定源自中国。

## 2.1 中国传统游戏概要

中国传统游戏是中华传统文化的重要组成部分,其形式丰富,既有流传面很广的娱乐项目,也有很多地方性民俗游戏,有的历史久远,但至今依然深受欢迎。

在春秋时期就已流行的中国围棋,至今仍是一项重要的棋类游戏,而且基于其核心玩法衍生出大量的流行游戏。同期流行的还有陆博游戏,作为中国象棋的鼻祖,陆博游戏在社会发展的历史中,也演化出多种游戏项目。同时,陆博游戏中最初的棋具——箸子,也为后来的游戏提供了一项重要的道具——骰子,成为多种游戏不可或缺的元素。

20 世纪 70 年代,在山西省阳高县出土的石球,经考证为 10 万年前人类的狩猎武器,但也是娱乐的工具,被认为是我国历史上最早的游戏道具(见图 2-1)。原始人类衣食尚无保障,就开始研究游戏娱乐活动了,说明了游戏对于人类生活的重要性。不同材质的球体后来也被演化为多种游戏娱乐活动的道具,例如,陶器出现后,陶球代替了石球,再后来又用皮革代替陶器,形成了早期足球的雏形。

图 2-1　石球

　　圆球也成为后来各种游戏娱乐活动中的重要道具,如乒乓球、篮球、足球、高尔夫及门球等。人们只是根据这些道具材质、大小的不同,制定相应的游戏规则。小的圆石子作为游戏道具,也一直延续至今,一些地方仍有小孩玩抓石子的游戏。在现代电子游戏中,圆球也经常被设计为抽象游戏中的角色。

## 2.2　中国传统游戏实例

　　中国从先秦时期到现代,涌现了无数游戏形式。崔乐泉在《忘忧清乐》一书中,将中国传统游戏分为百戏杂艺、技艺竞技、益智赛巧、休闲雅趣、童趣嬉戏及民俗游艺 6 大类,每一大类又细分为多个子类,每一子类在不同的历史时期,都有一些代表性的游戏形式。这样算下来,这些有记载的曾经流行的游戏就有几百种,如果加上这些游戏的不同版本,就有上千种之多。再参照现代电子游戏看,在 2017 年,国家新闻出版广电总局批准出版游戏约 9800款,即使是一个游戏玩家,能够知道的具体游戏也不多,更不用说普通人群了。因此,读者耳熟能详的这些传统游戏是真正值得去了解和研究的。传统游戏所蕴含的核心玩法和机制,是被长期验证的,契合了人类心理学的需求,具有普遍性的特征。有的传统游戏看似简单,如七巧板游戏,对于一个大型网络游戏的玩家,可能对它不屑一顾,但它的规则具有无限的扩展性,也被广泛应用于现代电子游戏的设计开发中。

## 2.2.1　陆博

根据目前已有的考古发现,在中国历史上,最早记载的具有完整形制的游戏是陆博,又称六博。游戏的道具有棋盘、骰子(箸子)和棋子。棋盘如图 2-2 所示,棋子共 12 枚,红、黑两种颜色各 6 枚。另外有骰子 6 枚,有多种形状和颜色,其中之一为半边细竹管,投下之后根据正、反两面的组合行棋,具体玩法至今还没有明确的记载。据新闻媒体报道,2016 年发掘的西汉海昏侯墓,已发现疑似陆博的棋谱,不过目前还没有进一步的公开信息。

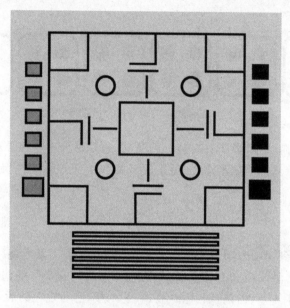

图 2-2　陆博游戏示意图(左右两侧为棋子,下方为 6 根箸子)

班固认为"博悬于投",说的就是通过掷骰子来决定输赢,缺乏技术含量的,就是"博"。而是否通过投掷骰子决定胜负,也成为"博"与"弈"的主要分别。一般认为,当游戏中运气成分大于技巧成分时,该游戏为"博"。当时的"博""弈"主要是指两类游戏,"博"是指陆博,而"弈"就是指春秋战国时期流行的另一类游戏——弈棋。弈棋的代表是围棋,主要是一种依靠数学和军事学相关知识的策略游戏,而不是依靠运气取胜的游戏。

陆博游戏中的棋子通常是五小一大,与春秋战国的兵制相同,代表了当时的战斗棋类游戏。陆博是中国象棋的鼻祖,也是中国博戏的鼻祖。通过投掷骰子行棋的方式,在后来的社会发展中,也演化出了其他的流行游戏。

## 2.2.2　骰子戏

骰子戏所用骰子由六博的道具演化而来,最初是作为游戏的道具,根据投掷骰子的结果来决定行棋的步数,从而直接影响了游戏最后的胜负。后来人们觉得掷骰子再行棋,不如直接掷骰子来玩更直接、方便,于是演变成了一种独立的游戏形式,即骰子戏。独立的骰子戏在魏晋南北朝时成型。

掷骰子是简单又古老的经典游戏,也是人们用来赌博或解决争议和问题的方法之一。我国最早有完整记载的游戏形式就有骰子的雏形,骰子作为必不可少的道具,一直延续到当下的一些娱乐游戏中,如"大富翁"系列游戏等。在电子游戏中,骰子也多有应用,如对玩家奖励的给予方式等。

骰子戏中的骰子与今天的六面体类似,每面分别标注 1~6 点,一般使用 2~6 枚骰子,投掷以后,根据不同的排列组合形成的各种结果确定输赢(见图 2-3)。一般掷出相同点数,尤其是均为 6 点时为大。

图 2-3　骰子的排列组合示意图

在全世界的娱乐游戏中,骰子具有特殊的意义,它是最为古老的游戏道具。从一定意义上讲,骰子也是牌类游戏的早期形态,如后来的纸牌和骨牌等游戏牌面所用的点数,就是由骰子而来的。

## 2.2.3　双陆棋

双陆棋是从三国到明朝时期最为流行的游戏之一,在唐代尤为盛行。双陆棋的道具分为棋局、棋子和骰子 3 种。棋局为长方形,两长边的中点刻有半圆的门,门的两边各有 6 个圆点(见图 2-4)。棋子有黑、白两色,共 30 枚,骰子两枚,已与现在的骰子一致。双陆棋还是依骰子进行的"博"戏,但与完全依靠骰子的点数行棋的游戏不同的是,在双陆中,玩家根据现场的情况,采取不同的策略,从而对结果会有不同的影响,因此双陆棋是既有"博"也有"弈"的游戏。清代以后很少有人玩双陆棋,在西方开始流行起来的双陆棋,其规则与中国的"双陆棋"相似,因此称西洋双陆棋。

图 2-4　双陆棋局

## 2.2.4　中国围棋

围棋起源于我国古代春秋战国时期,到汉朝时围棋规则大体定型。围棋是一种高策略性的两人游戏。在我国古代下围棋是知识阶层修身养性的一项必修科目,人们常以"琴棋书画"论个人的才华和修养,其中的"棋"指的就是围棋。围棋在很大程度上反映了中国传统思想文化,被认为是世界上最复杂的游戏之一。从唐代开始,围棋随着中外文化的交流,向国外传播。

围棋棋子分为黑、白两色,各180粒,没有功能的规定,吃掉的棋子可以重复使用。围棋棋盘由横竖各19条线组成(据考证,最初的围棋棋盘纵横少于19路,从理论上讲,围棋棋盘边界还可以继续延伸,只要人类的智力可以达到,见图2-5)。

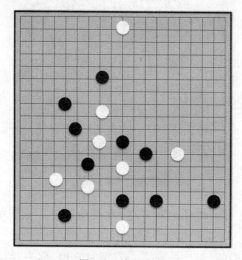

图 2-5　中国围棋

围棋行棋时,棋子落在交叉点上,黑先白后,每次一子,双方轮流进行。围棋胜负的判定是依据最后双方围地的多少,中国的判定规则与日本、韩国又略有不同。因为黑方先走旗占有优势,因此,最后判定时黑方要给白方帖子。

## 2.2.5　中国象棋

中国象棋是世界四大棋类(围棋、中国象棋、国际象棋、将棋)之一,属于两人对抗性游戏的一种,是我国正式开展的一项体育项目。

象棋在公元前11世纪前后产生于我国南部的氏族部落,在唐代有了一些变革,已有"将""马""车""卒"4个兵种,棋盘和国际象棋一样,由黑白相间的64个方格组成。后来又参照我国的围棋,把64个方格变为90个点。中国象棋在宋代已基本定型,除了因火药的发明增加了"炮"之外,还增加了"士""象"两种棋子。到了明代,将一方的"将"改为"帅",变得和现代中国象棋一样。

对局时,由执红棋的一方先走,双方轮流各走一步棋。走棋的一方,将某个棋子从一个交叉点走到另一个交叉点,或者吃掉对方的棋子而占领其交叉点。双方各走一着,称为一个回合。

在长方形的平面上,绘有 9 条平行的竖线和 10 条平行的横线,共有 90 个交叉点,棋子就摆在交叉点上,两端的中间,以斜交叉线构成"米"字方格的地方,叫作"九宫"。棋子共有 32 个,分为红、黑两组,每组共 16 个,各分 7 种,其名称和数目如图 2-6 所示。

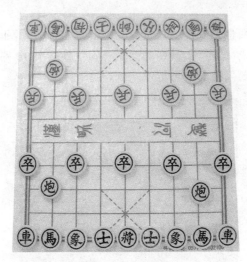

图 2-6　中国象棋

除帅(将)外,其他棋子都可以任由对方吃,或主动送吃。吃子的一方,必须立即把被吃掉的棋子从棋盘上拿走。

一方的棋子攻击对方的帅(将),并在下一着把它吃掉,称为"照将",或简称"将"。被"照将"的一方必须立即"应将",即用自己的着法去化解被"将"的状态。如果被"照将"而无法"应将",就算被"将死"。"将死"不是全部吃掉对方,而是将死对方的王。象棋的结局,除了输赢之外,还有和局,这是棋牌游戏中所少有的。

## 2.2.6　投壶

投壶游戏约起源于先秦时期,与其他投射类游戏相比,从现代游戏的角度来看,投壶游戏的规则更具有普遍性,是古代投射类游戏的一个代表性项目。

投壶游戏所用道具主要是壶与箭。箭为去掉箭头的箭杆,壶为长颈平底壶,早期为酒壶,后来有了专门用于该游戏的壶。游戏时,游戏人站在距离壶一定的位置,向壶中投箭,以投中的数量决定胜负(见图 2-7)。游戏具有一般投射游戏的基本元素,如投射物、投射目标和距离等。难度的设定主要有目标的大小、距离,投射物属性以及瓶体的静止、运动状态等。

其他类似投壶的游戏形式有篮球、足球(蹴鞠)及射箭等,这类游戏都具备一些相似的元素,但是道具不同,规则也有相应的变化。

图 2-7 古代投壶

### 2.2.7 七巧板

七巧板是中国著名的传统拼图智力游戏,游戏简单、直观,依赖于创意思维。七巧板据传由宋代的燕几图演变而来,其间经历过十三巧板以及其他板数的变化,到了清代成为常见的七块板的形制,即大三角形两块,小三角形两块,中三角形、正方形、菱形各一块,合成一个正方形或一个长宽比为 2∶1 的长方形。七巧板制作步骤如图 2-8 所示,先画一个正方形,再画对角线,画两边中线(辅助线),再分别画出 3 个三角形的中线,擦去辅助线,沿线进行裁剪即可。

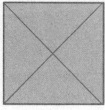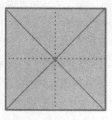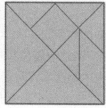

图 2-8 七巧板制作步骤

七巧板以七块几何形状为基础图形,可拼成各种人物、动物、植物、建筑以及文字等。游戏有较大自由度,完全依赖于个人想象力的发挥。例如,法国丹尼尔·培根所著的《七巧板》一书中,拼成的足球运动员形态多样,形象生动,如图 2-9 所示。

七巧板的玩法多种多样,其中包含了丰富的数学知识,在张景中院士主编的《七巧板、九连环和华容道》一书中有过论述和探讨。1942 年,浙江大学两位教师证明了七巧板可组成13 个凸多边形,如图 2-10 所示,论文发表于《美国数学月刊》。后来国内外对七巧板的研究有不少论述,包括可拼五边形的数目等,但七巧板到底最多可以拼成多少种图形呢?这个问

图 2-9　培根所著《七巧板》一书中拼足球运动员图

图 2-10　七巧板可拼成的 13 种凸多边形

题可借鉴索尼与斯坦福大学的游戏化项目——《Folding》的研究思路,将科学研究与游戏设计结合起来,借助计算机和互联网做进一步的探索。

　　七巧板的玩法在传统游戏中具有特别的意义,它的无限可能性是其魅力所在,体现了创意的自由度,这种基于创意与想象力的玩法也被用在许多电子游戏的设计中。此外,七巧板还有多种玩法,如 3D 七巧板以及通过抖动将七巧板拼成固定形状等。

## 2.2.8　孔明锁

　　孔明锁相传是由三国时期的诸葛亮发明的,另一种说法是由鲁班发明的,因此也被称为鲁班锁,是中国具有代表性的传统智力游戏。与孔明锁类似的游戏比较多,虽然外部形状和内部的构造各不相同,但基本玩法都是先拆散后进行复原,拼装时需要分析其内部结构才能完成,对空间思维能力有一定的要求。

　　孔明锁依据组成的块数,分为三方锁、六方锁、九方锁及十二方锁等,复原的过程也越来越复杂(见图 2-11)。

图 2-11　三方锁、六方锁、九方锁和十二方锁

## 2.2.9　九连环

九连环游戏起源于古代民间,明朝时得到普及,清代则广受欢迎。九连环被西方认为是人类发明的最奥妙的游戏之一,难度也很大,特别是游戏过程中环环相扣的连续性,都是对玩家的挑战。九连环游戏道具由 9 个圆环和 1 个框架组成(见图 2-12)。很多新手玩家很难入手,可以参照它的解法规则进行操作。解下九连环前 5 个环的具体步骤如下:

下一、下三、上一、下一二、下五、上一二、下一、上三;

上一、下一二、下四、上一二、下一、下三、上一、下一二。

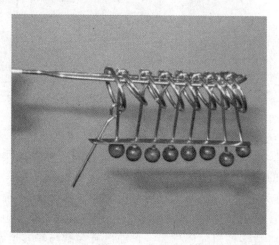

图 2-12　九连环

### 2.2.10 华容道

华容道益智游戏,取意于《三国演义》一书中曹操败走华容道,关羽因感念曹操的恩情将其放走的经典故事,所以该游戏又称捉放曹。华容道游戏在我国出现的时间大约在 20 世纪 30 年代,被称为世界智力游戏界三大不可思议的游戏之一。

华容道游戏的规则为:在方形的棋盘内有 10 枚棋子,分别是曹操、张飞、黄忠、赵云、关羽、马超以及 4 枚卒(见图 2-13)。尺寸上,卒为正方形,两枚卒拼成的长方形是关羽、马超、黄忠、张飞和赵云的大小,4 枚卒拼成的正方形是曹操的大小。游戏的基本玩法是通过移动棋子,帮助曹操从初始位置移到棋盘最下方中部,并从出口移出,只能利用空格移动,不能重叠和跳过其他棋子。

华容道游戏有很多种阵法(即游戏开始时各棋子摆放位置不同),根据不同阵法有多种通关方式,难易程度各不一样。对于玩家来说,该游戏趣味性不仅在于找到一种阵法的通关方法,更在于找到这一阵法最少的通关步骤(见图 2-14)。所以,华容道游戏的趣味性在于研究该游戏有多少种阵法、每种阵法有多少种通关方式以及最少的通关步数等。

图 2-13 华容道

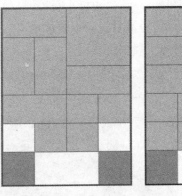

图 2-14 华容道阵法示意图

而在欧洲,类似华容道的游戏出现得更早,此类游戏在法国称为"追捕逃犯",在西班牙称为"红鬃烈马"(见图 2-15(a)),玩法一致。因此,华容道游戏很可能是由国外传入我国之后,再经本地化而形成的。

华容道游戏又被称为滑块游戏,要求利用空白空间滑动棋子,不能将棋子离开棋盘。曾经的《14-15》(见图 2-15(b))和《重排 15》(见图 2-15(c))游戏就是滑块游戏的代表,这些游戏也是利用一个空格,将数字按照顺序排好。目前已有多款与华容道游戏类似的电子游戏,一些曾经热门的电子游戏,如《推箱子》游戏等,也有华容道游戏的一些元素。

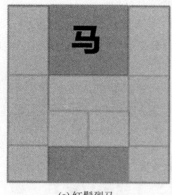

(a)红鬃烈马

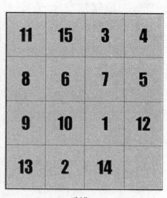

(b) 14-15

| 11 | 15 | 3 | 4 |
| 8 | 6 | 7 | 5 |
| 9 | 10 | 1 | 12 |
| 13 | 2 | 14 | |

(c) 重排15

图 2-15　游戏示意图

## 2.2.11　孔明棋

孔明棋据称是由三国时期诸葛亮发明的,也称为弹跳珠,棋盘由 33 枚棋子排成井字型盘面,如图 2-16 所示。游戏开始时先去掉中央的棋子,使其留出一个空位,将棋子跳过邻近的棋子,到一个旁边的空位,被跳过的棋子从棋盘上移走。棋子可前、后、左、右跳,不可对角跳,直到最后不能跳为止,游戏结束。如果是对战,由双方最后的棋子数量决定胜负,少者胜,剩下一枚为最好成绩。

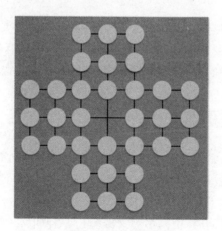

图 2-16　孔明棋

孔明棋的最大特点是可以一个人玩,称为自奕,自己挑战自己最好的成绩,终极目标就是最后剩下一枚棋子。孔明棋还有很多种变形的棋盘以及类似的玩法。

## 2.2.12　五子棋

五子棋是一种两人对弈的纯策略型棋类游戏,通常双方分别使用黑白两色的棋子,下在棋盘直线与横线的交叉点上,先形成五子连成直线者获胜(见图 2-17(a))。

五子棋棋具与围棋通用,主要流行于华人和汉字文化圈的国家以及欧美一些地区。五子棋可以看作是围棋的简化版,规则简单、易于上手,符合流行游戏的特征。如果再将五子棋棋盘简化,形成 3×3 的结构,就类似于井字棋了。

五子棋也包含了进攻与防守的思想,基于五子棋玩法设计,分别开发的电子游戏有很多,如曾经流行的《围住神经猫》游戏(见图 2-17(b))和《Circle The Dot》(点点别跑)游戏(见图 2-17(c))等。

(a) 《五子棋》游戏　　　(b) 《围住神经猫》游戏　　　(c) 《Circle the Dot》游戏

图 2-17　五子棋游戏及其衍生游戏

## 2.2.13　麻将

麻将是中国传统游戏的集大成者,集合了叶子牌、骨牌等牌类游戏的玩法。在今天的中国,从南到北,从东到西,社会各个阶层、各个领域,很少有不玩麻将的。麻将是中国历史上最能吸引人的"博"戏形式之一,同时也是最具规模和影响力的智力活动。20 世纪初期,麻将牌不仅在亚洲盛行,而且还流行于欧美。国外有许多研究和详述麻将打法的杂志书籍,欧洲甚至还有麻将协会这种旨在推广麻将文化的非营利机构。

麻将牌也称麻雀牌,是一种四人(也可 2 人、3 人或多人)骨牌博戏,牌式主要有"饼(筒、文钱)""条(索子)""万(万贯)"等。在古代,麻将大都是以骨面竹背做成,是一种纸牌与骨牌的结合体,由马吊牌和纸牌发展演变而来。现在流行的棋、牌等博弈游戏,无不是在"博"戏的基础上发展、派生而来的。

明末清初马吊牌盛行的同时,由马吊牌又派生出一种叫"纸牌"的四人制游戏。纸牌开始共有 60 张,分为文钱、索子和万贯 3 种花色,其 3 色都是 1~9 各两张,另有幺头 3 色(即麻将牌中的"中""发""白"牌)各两张。斗纸牌时,四人各先取 10 张,以后再依次取牌、打牌。赢牌叫"和"(音 hú),这些牌目及玩法与今天的麻将牌相似。后来,人们感到纸牌的张数太少,于是把两副牌放在一起合成一副来玩,由此纸牌变成 120 张。

大约清末时,纸牌增加了东、南、西、北 4 色风牌(每色 4 张),但由于纸牌数量多,打起来不方便,人们渐渐改成骨制牌,把牌立在桌上,形成了后来的麻将。一副完整的麻将牌共

152 张,包括风牌(东、南、西、北各 4 张)、箭牌(中、发、白各 4 张)、花牌(春、夏、秋、冬、梅、兰、竹、菊各一张)、百搭牌(财神、猫、老鼠、聚宝盆各一张,其他百搭牌 4 张)和序数牌(万子、筒子、束子牌分别从 1 到 9 各 4 张,共 108 张)。现在流行的一般都是精简版麻将,只使用 108 张序数牌。

麻将游戏在进行过程中的 5 种状态分别是吃、碰、杠、听、和,在正式比赛中,5 种状态的官方语言都是汉语,包括国际比赛。各个地区麻将规则与传统规则相比,都发生了较大变化,玩法更趋于简单。麻将的基本玩法简单,容易上手,但其中变化很多,符合流行游戏的主要特点。

麻将的核心玩法主要在于同类集换,从两张相同的牌开始,到 3 张、4 张,分别具有不同的意义(见图 2-18 左侧)。其次是集换连成顺序,一般规定 3 张为一个组合(见图 2-18 右侧)。麻将牌的规则中许多元素都可以单独拿出来形成小游戏,如一些消除游戏等,麻将是一个非常值得研究的游戏项目。

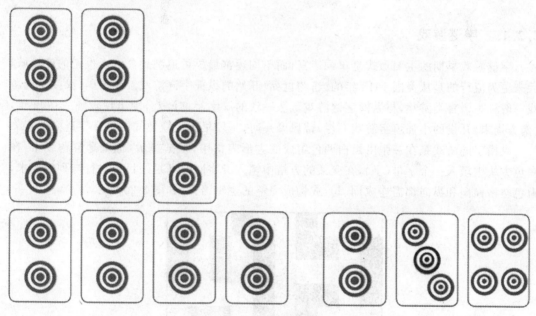

图 2-18　中国麻将

## 2.2.14　幻方

幻方,也称纵横图,是一种将数字安排在正方形格子中,使每行、每列和对角线上的数字和都相等的游戏(见图 2-19)。它是将从一到若干个数的自然数排成纵横各为若干个数的正方形,使在同一行、同一列和同一对角线上的几个数的和都相等。可分为 3 阶幻方、4 阶幻方和 5 阶幻方等。

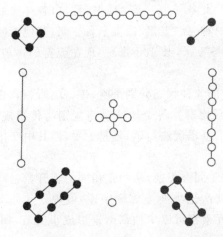

图 2-19　洛书上的 3 阶幻方

## 2.2.15　字谜游戏

　　字谜游戏早期的主要形式是单词迷宫,而单词迷宫最早可追溯到公元 1 世纪的庞贝城,后来更为流行的是从美国 1913 年的《纽约世界》开始的纵横字谜游戏。在中国,汉字字谜游戏一般称为语言类游戏,与纵横字谜游戏玩法一致的汉字字谜游戏,则出现较晚。1999 年,《南方周末》开设的小强填字游戏专栏,曾风靡一时,是较早为大众熟知的汉字字谜游戏。

　　纵横字谜游戏是在一张由黑白两色组成的方形表格中,根据提示,也就是解题线索,在白色方块中填入一个字母(字),在交叉的方格中填入的字同时满足题目中对行与列的要求,白色空格横向和纵向都需连成词、句,或构成完整的逻辑语义,如图 2-20 所示。

图 2-20　字谜游戏

## 思考与练习

1. 依据陆博图例(见图 2-2),进行玩法设计,并在课堂上试玩。

2. 以投壶游戏为原型,进行创意设计,形成一个电子游戏概念,由小组讨论完成。

3. 讨论麻将的核心玩法。

4. 以传统五子棋玩法为基础,进行适度修改,形成一个新的游戏。

5. 设计一套孔明棋的得分系统,以分数量化最后的结果。

## 参考文献

[1] 蔡丰明.游戏史[M].上海:上海文艺出版社,2007.

[2] 崔乐泉.忘忧清乐——古代游艺文化[M].南京:江苏古籍出版社,2002.

[3] 罗新本,许蓉生.中国古代赌博习俗[M].2 版.西安:陕西人民出版社,2012.

[4] 张景中.七巧板、九连环和华容道[M].3 版.北京:科学出版社,2015.

[5] 张景中.幻方与素数——娱乐数学两大经典名题[M].4 版.北京:科学出版社,2015.

[6] 丹尼尔·培根.七巧板[M].马丽君,译.沈阳:辽宁少年儿童出版社,2012.

### 第 3 章

# 外国传统游戏

　　本章主要介绍一些国外传统游戏,了解它们的主要规则和文化,从而理解核心玩法在现代电子游戏中的运用。

　　了解世界传统游戏,理解其蕴含的基本原理,是认识游戏本质和理解现代电子游戏的基础。本章选择的外国传统游戏,因为起源考证的困难,部分也可能源自中国。有的游戏在传入我国后,也流行起来,得到了广泛传播。

## 3.1　外国传统游戏概要

　　人类在历史发展的长河中,创造了无数的游戏娱乐项目,为生活增添了色彩。这里的外国传统游戏,只是大致按照它在某一地区的流行程度,做了一个划分。一些国外流行的游戏,具体源于哪个国家,本身也难以考证。这些人类的智慧结晶,是现代电子游戏发展最基础、最原始的细胞,也是读者认识人类文明的一个角度。

## 3.2　外国传统游戏实例

　　本章选择的部分外国传统游戏,大都具有相当广泛的流行度,即使在今天的中国,也是大家非常熟悉的,如扑克牌、积木和魔方等。扑克牌当下的一些玩法,甚至成为我国大众娱乐的主流形式,如"斗地主"以及以前曾流行的"双扣"等。集偶然性与策略性规则为一体的扑克牌游戏,具有流行游戏的基本要素,由此衍生的益智游戏不计其数,也带给其他类型游戏创新的启发。积木游戏建造的创意,也是当下电子游戏设计中的一个重要元素。一个看似简单的传统游戏,可能都是今天大量电子游戏中某种游戏的创意源头。

### 3.2.1　魔方

　　魔方是匈牙利布达佩斯建筑学院厄尔诺·鲁比克教授在 1974 年发明的,原本是帮助学生增强空间思维能力的教学工具,后来发现把混乱的颜色方块复原既有趣又有困难,便成了玩具。由于魔方的巨大商机,鲁比克教授和他的合伙人一同开发了 2 阶和 4 阶魔方,都取得了成功。

　　魔方为 6 面正方体,根据每个面的方块数,可分为 2 阶魔方、3 阶魔方、4 阶魔方以及 12 阶魔方等。最普遍的魔方是 3 阶魔方(见图 3-1 左图),核心是一个轴,并由 26 个小正方体组成(中间一层为 8 块,其余两层各 9 块)。中心方块有 6 个,固定不动,只有一面有颜色;边角方块有 8 个(3 面有色),可转动;边缘方块有 12 个(2 面有色),也可转动(见图 3-2)。最小的 2 阶魔方又称口袋魔方、迷你魔方,为 2×2×2 的立方体结构(见图 3-1 右图),与 3 阶魔方相近。新的魔方有很多种,但原理一致,造型基本相同。

图 3-1　3 阶魔方与 2 阶魔方

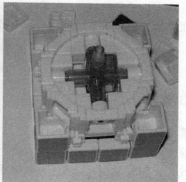

图 3-2　魔方的内部结构

　　魔方的基本玩法是将打乱的每一面的颜色调整为一致,有速拧、单拧和盲拧等多种玩法。魔方在 20 世纪 80 年代逐渐流行开来,并传入了我国,成为当时热门游戏之一。

### 3.2.2　独立钻石

　　独立钻石游戏亦称单身贵族,与中国的孔明棋相似,流行于 18 世纪法国的宫廷贵族,18 世纪末传至英国,之后逐渐流行于世界各地,未经考证的说法是独立钻石游戏就是中国的孔明棋,孔明棋在中国失传后辗转流传至日本、欧美,成为在外国普及的益智游戏。

　　独立钻石游戏的棋盘有多种,最流行的式样是一个圆形的板,板上有 3 行平行的小孔,与另外 3 列平行的小孔,相交成十字形。每行的孔有 7 个,一共有 33 个小孔。在棋盘的 33 孔中,中心的一孔空着,其余每孔都放下一棋(见图 3-3)。独立钻石的棋子一般是一些头略粗的木粒子或玻璃弹子。

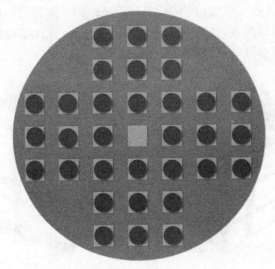

图 3-3　独立钻石

　　独立钻石基本玩法类似跳棋,但不能走步。棋子跳过相邻的棋子到空位上,并且把被跳过的棋子吃掉。棋子可以沿格线往横、纵方向跳,但是不能斜跳,剩下越少棋子成绩越好。如果最后剩一子,而且正好位于棋盘正中心的洞孔上,那就是最好的结果,称为"独立(粒)钻石"。

### 3.2.3　国际象棋

　　国际象棋又称"欧洲象棋"或"西洋棋",是一种把战略战术和纯技术融为一体的二人对弈战略棋盘游戏,是世界上最受欢迎的游戏之一。据现有史料记载,国际象棋的发展历史已有将近 2000 年,它的起源说法较多,多数棋史学家认为国际象棋最早出现在印度。

　　大约公元 2—4 世纪时,印度有一种叫作"恰图兰加"的棋戏,有车、马、象、兵共 4 种棋子,象征着印度古代的军制,当时是以掷骰子的方法开始游戏。游戏的目的也不是将死对方的王,而是吃掉对方全部棋子。

　　国际象棋大约在公元 10 世纪以后,经中亚和阿拉伯传到欧洲的各个地区。在当时的文献中,将国际象棋列为骑士教育的"七艺"(骑术、游泳、射箭、击剑、狩猎、赋诗、下棋)。到公元 15—16 世纪,国际象棋定型成今天的样式和棋制。

国际象棋的棋盘由 64 个黑白相间的格子组成,黑白棋子各 16 个,造型和命名体现了社会的等级性(见图 3-4)。威力最大的棋子是"皇后",也突出了西方封建社会中皇后的地位及作用。棋盘中的第一行由称为"卒"的棋子占据;第二行包含一个"王"、一个"王后"、两个"车"、两个"象"和两个"马"。

图 3-4　国际象棋棋盘

国际象棋行棋时,白棋先走,然后玩家轮流走棋。"王"可以向任意方向(向前、向后、侧向和对角线)移动一格,是游戏中最弱的棋子,也是最重要的棋子;"王后"可以向任意方向移动无限多个空格,是该游戏中最强的棋子;"车"也可以移动无限多个空格,但只能向前、向后或侧向移动;"象"也只能沿对角线移动无限多个空格;"马"可以在任意方向上移动两格,然后转 90°再移动一格,形状如字母 L,马是可以跳过其他棋子的唯一棋子。

"卒"在走第一步时可以向前走两格,之后每次只能走一格,但可沿对角线移动,吃掉对手的棋子。如果进入对手占据的方块,则对手的棋子即视为被"吃掉",并需要从棋局中拿走。"卒"在棋盘中直进达到对方底线时,即可晋级为"车""马""象"或"王后"。这就增加了军队中有力量的棋子数,晋级到"王后"通常是最好的策略。

### 3.2.4　剑玉

剑玉源自公元 11 世纪的法国,当时叫作比尔博凯特(Bilboquet)游戏,是"杯和球"之义,最初造型是用绳子在一个杯子下面拴着一个球,用杯子接球,是当时法国人喜欢的游戏。后来流传到世界许多国家和地区,在日本最为流行。

公元 1700 年左右,比尔博凯游戏进化成了一个球上加一个洞,用绳子拴在一个木棒上。

木棒的尖端可插球,木棒底端是一个杯型皿,增加了难度和趣味性。后传到日本,成为晚餐后的娱乐项目。后来日本人又改进了比尔博凯的造型,增加了杯上的设计,即今天的剑玉造型:木尖、大皿、中皿、小皿、线和带洞的球,并改名为剑玉,玩法有多种,如图 3-5 所示。

图 3-5 剑玉

剑玉游戏的趣味性在于挑战一个人的眼手协调能力,是一种反应类游戏,核心玩法就是"接",在电子游戏中也多有体现,如图 3-6 所示的游戏也是以"接"为特征的反应类游戏。

图 3-6 《Catch the Balls》电子游戏

### 3.2.5　积木

积木起源于建筑模型,一般以立方体为基本造型单位。积木是一种训练手眼协调能力的玩具,也能训练儿童的创造力,其形状多样。积木玩法没有统一性,依积木基础形状而定,只需凭借想象力拼出所要的造型(见图 3-7)即可。

图 3-7　积木

积木可以分为平面和立体两种,通常是立方体形状的木头、塑料固体玩具或彩色片块,一般积木的表面上装饰着字母或图画,可以进行不同的排列和组合,用以拼搭图形、器物、动物或建筑等各种模型。

流行于西方国家的一种长方形多米诺骨牌游戏,也可看作是积木玩法的一种变形。玩多米诺骨牌游戏时将骨牌按一定间距排列成行,或排列成其他形式的造型,碰倒第一枚骨牌后,其余的骨牌就会产生连锁反应,依次碰触倒下(见图 3-8)。如今,人们也常用多米诺一词来形容连锁效应。

骨牌除了可用于码放单线、多线和文字等各式各样的多米诺造型外,还可充作积木,用于搭房子、盖牌楼或制成各种各样的拼图。多米诺骨牌的趣味在于倒下的过程,也在于倒下前和倒下后的造型。多米诺骨牌游戏的挑战,除了想象力和创造力外,就是对于参与者谨慎、细心的要求。据新闻报道,2018 年,德国 22 名艺术家计划码放 596229 块多米诺骨牌,挑战吉尼斯纪录,在接近完成的最后关头,被一只飞来的苍蝇提前触发,破坏了这个项目。

积木这种游戏的核心玩法也被广泛应用于现代电子游戏的设计中,如《我的世界》游戏,就是一个典型代表。

图 3-8　多米诺骨牌

### 3.2.6　拼图

拼图是现在常见的一种智力游戏,已经有约 200 多年的历史。早在公元 1760 年,法、英两国几乎同时出现这种娱乐方式,把一张图片粘在硬纸板上,然后剪成不规则的小碎片并还原。最初这些图片都附有适合年轻人阅读的短文,或是历史、地理知识,具有教育意义。

公元 1762 年,法国一名推销员设计了把碎片重新排列的地图拼图。同年在伦敦,一名印刷工也想到了相似的主意,发明了拼图玩具。他把一幅英国地图粘到一张很薄的餐桌背面,然后沿着各郡县的边缘精确地把地图切割成小块。当时的新兴中产阶级消费者和英国学校成了这些游戏产品的消费群体。

后来,拼图制造商开始把历史主题以及肖像画、风景画等内容加入到拼图中。到公元 19 世纪初,新的大规模生产工业技术赋予拼图明确的形式,拼图很快成为发展成熟的、拥有广大市场的娱乐产品(见图 3-9)。

图 3-9　拼图

目前拼图既是一种传统游戏,也被大量设计成电子游戏;既是一种游戏形式,也被应用于教育及其他领域。

### 3.2.7　迷宫

迷宫这个词的本义是指入户道路复杂难辨、人进去后不容易出来的建筑物,或是一种充满复杂通道的建筑物,很难在内部找到出口,也用来比喻复杂艰深的问题或难以捉摸的局面。迷宫游戏示意图见图 3-10。

图 3-10　迷宫游戏示意图

人类建造迷宫已有几千年的历史。在世界发展的不同历史时期,这些奇特的建筑物始终对人类有着神秘的吸引力。世界上古老的迷宫,大多是根据一定的设计要求种植植物,由植物长成迷宫。中世纪的英国流行把草坪栽种成迷宫的样式,人们通常来这里散步或者是参加活动。

迷宫又分为单迷宫和复迷宫。只有一种走法的迷宫称为单迷宫,在走的时候,一只手一直摸着一边的墙壁,这种方法可能费时最长,也可能会使参与者走遍迷宫的每一个角落和每一条死路,但绝不会困在里面,保证一次走出来,这种走法称为万能破解法。

有多种走法的迷宫称为复迷宫。由于有多种走法,必然有一些地方可以不回头地走回原点,这条可以走回原点的通道在迷宫中表现为一个闭合的回路,以这个回路为界,迷宫可以被分为若干部分。所以,复迷宫从本质上说是由若干个单迷宫组成的。人们总结出走出迷宫的规律:进入迷宫后可以任选一条路往前走;如果遇到走不通的死胡同,就马上返回,并在该路口做个记号;如果遇到了岔路口,观察一下是否还有没有走过的通道,如果有,就任选一条通道往前走;如果没有,就顺着原路返回到原来的岔路口,并做个记号。然后重复前面的走法,直到找到出口为止。

可以加上一些其他挑战,以增加迷宫游戏的乐趣,如增加时间元素的限时迷宫等。除了作为一种独立的游戏形式存在,迷宫也常常作为游戏的地图,或游戏谜题的设计内容。

### 3.2.8　百变魔尺

百变魔尺又叫"蛇形尺",由匈牙利人在 20 世纪 70 年代发明,是高智能的智力玩具,可随意变化,自由组合,变化成各种形状,如动物、植物及其他物体等。百变魔尺各年龄段均可玩。百变魔尺具有魔方的某些特点,多个魔尺结合可以组装成更多样的图案。根据魔尺的结构长短,可以分为 24 段、48 段、72 段及 120 段等多种形式(见图 3-11)。百变魔尺本质上是用一个固定的基本单位作为造型基础进行创意造型的。

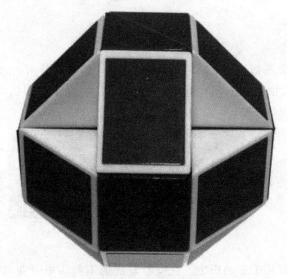

图 3-11　蛇形尺

### 3.2.9　西洋双陆棋

西洋双陆棋是一种两人游戏,靠掷两枚骰子决定走棋步数。比赛目的是使自己的棋子先到达终点。该游戏既依赖于投骰子的运气,也有策略的应用。

西洋双陆棋的前身早就跻身于各种最古老的游戏行列之中,20 世纪后期开始流行的西洋双陆棋,棋盘分为 4 部分,称四大区。每部分用黑、白颜色交替标出 6 个楔形狭长区或小据点。有一条称作边界的垂直线把棋盘分成内区和外区。比赛时双方分别使用 15 枚白棋子和 15 枚黑棋子(见图 3-12)。根据其所投骰子上显示的点数,从各自的内区(亦称本区)向相反方向从一个据点到另一个据点移动自己的棋子。两枚骰子显示的点数可分别用来移动两枚棋子,也可以把它们加起来去移动一枚棋子。出现骰子显示两个相同的数字时,加倍计算。

一个据点由同一颜色的两枚或两枚以上棋子占领时,该点即被“占满”,此时对方不能进子。在一个据点上如只有单个棋子,这棋子便是一枚“暴露的棋子”,会受到落在该据点内的敌对棋子的“攻击”。如果受到攻击,需将“暴露的棋子”取出,放在边界上,轮到该方走棋时,要先把该棋“放回”才能走其他棋子。所谓“放回”,即按骰子掷出的点数把棋子放回到对方内区的空据点。

任何一方把所有 15 枚棋子都送到本区后,即可按骰子的点数把棋子移至棋盘边界外的虚设据点。先把全部 15 枚棋子离盘者胜,如果输方至少有一枚棋子离盘,这盘棋即为单胜局;如果输方一枚棋子也未离盘,对方即为大胜加倍计分;如果输方还在胜方的本区留下棋子,对方即为全胜,需三倍计分。

图 3-12　西洋双陆棋

## 3.2.10　国际跳棋

国际跳棋是一种世界上最古老、最普及的棋类游戏之一,旧称"西洋跳棋"或"百格跳棋"。据史料记载,跳棋最早出现在古埃及、古罗马等地。古代跳棋传到其他地区后发生了一些变化,棋盘的格数在大多数国家是 64 格,后来逐渐以百格为主。现代国际跳棋由各国的民族跳棋演变而来,在公元 12 世纪定型。

棋盘是由深浅两色相间的 10×10 的小方格组成的一个大正方形。跳棋中每位棋手的左下角必须是深色格,棋盘上所有深色格按照一定的顺序依次按 1～50 编号,叫作棋位,作为棋局记录使用。棋子是圆柱形的,黑白棋子各 20 枚,叫"兵",把"兵"翻过来或两"兵"叠起来就是"王"(兵跳到对方的底线升变为"王"或称为王棋)。行棋前,黑兵摆在 1～20 的棋位上,白兵摆在 31～50 的棋位上,对局开始执白棋者先行,所有棋子均在黑格子中行走(见图 3-13)。

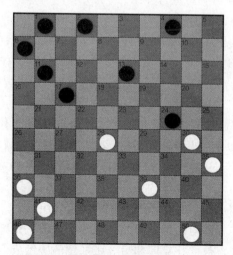

图 3-13　国际跳棋

"兵"只能向前斜走一格,不能后退。黑白两枚棋子紧连在一条斜线上,如轮到某一方行棋时,对方棋子的前后正好有一空棋位能跳过对方的棋子,那么就可以跳过对方的棋子把被跳过的棋子吃掉,并从棋盘上取下;跳过对方的棋子以后,又遇上可以跳过的棋子,就可连续跳,遇到跳吃或连续跳时,可以退跳或吃子。如果有两条路线或 2 枚棋子都能吃对方的棋子,那么不管是否对自己有利,必须吃多的棋子。

对局开始前双方在棋盘上摆的棋子都是"兵","兵"在对局过程中,走到或跳到对方底线停下,即可升变为"王",刚升变的"王"要到下一步才能享有王的走法的权利。

"王"在任何一条斜线上均可进退,并且不限格数。"王"与对方棋子遇在同一斜线上,不管相距有几个棋位,对方棋子的前后只要有空棋位,那么"王"棋就可以跳过去吃掉对方的棋子。"王"连跳与"兵"连跳的情况基本上相同,只是不限距离。

所有的棋子都被对方吃掉为负棋;残留在棋盘上的棋子被对方封锁,无子可动也为负棋;棋局进行到最后无任何可能战胜对方时为和棋。

### 3.2.11　德州扑克

作为扑克牌的主要玩法,德州扑克是世界最流行的扑克游戏之一,也是国际扑克比赛的正式竞技项目,在美国大多数赌场都受欢迎。德州扑克不使用鬼牌,通常为 2～10 人参与。德州立法部门认定,德州罗比斯镇为德州扑克的发源地,因而得名。1988 年,德州扑克被认为是一种以简单的数学、策略及心理学技巧为主的游戏,被宣布为合法。德州扑克目前在中国的爱好者也逐渐增多。

德州扑克游戏中,首先为每位牌手发两张底牌,再发出 3 张公共牌,最后再分两次依次发出 2 张公共牌(转牌和河牌)。若有两家以上未盖牌则斗牌比大小。每名牌手以自己的 2 张底牌,加上桌面 5 张公共牌,共 7 张牌,取最大的 5 张牌组合决定胜负,当中可只有公共牌,如图 3-14 所示。牌型大小顺序依次为:同花顺＞四条＞葫芦＞同花＞顺子＞三条＞两对＞一对＞高牌。下面分别对牌型进行介绍。

(1) 同花顺:指 5 张同花色的连续牌。

(2) 四条:其中 4 张是相同点数的扑克牌,第 5 张是剩下牌组中最大的一张牌。

(3) 葫芦(3 带 2):由 3 张相同点数及任何 2 张其他相同点数的扑克牌组成。如果同时有多人拿到葫芦,3 张相同点数中数字较大者为赢家。如果 3 张牌都一样,则在两张牌中点数较大者为赢家。

(4) 同花:由 5 张不按顺序但相同花色的扑克牌组成。如果不止一人有此牌组,则牌面数字最大的人赢得该局;如果最大点相同,则由第二、第三、第四或者第五张牌来决定胜负。

(5) 顺子:由 5 张顺序扑克牌组成。10-J-Q-K-A 为最大的顺子,A-2-3-4-5 为最小的顺子。

(6) 三条:由 3 张相同点数和 2 张不同点数的扑克牌组成。

(7) 两对:由 2 对数字相同但两两不同的扑克和随意的一张牌组成,共 5 张牌。

(8) 一对:由 2 张相同点数的扑克牌和另 3 张随意的牌组成。

图 3-14　德州扑克游戏

(9) 高牌：无法组成以上任一牌型的散牌。

德州扑克的几种主要牌型主要体现在下注差异，即限注式和无限注德州扑克。另外还有许多玩法不同的版本，如给每个牌手发 4 张或 5 张底牌，其中必选 2 张或 3 张手牌与 3 张公牌组成牌组比大小；5 张换牌扑克，每个牌手先发 5 张牌，牌手视需要最多可抽换 3 张牌组出最大的手牌。

### 3.2.12　万智牌

万智牌(Magic the Gathering, MTG) 又称魔法风云会，是世界上第一个集换式卡牌对战游戏(TCG)，1993 年由美国数学教授理查·加菲设计，是同类游戏中最早发明的，也是最受欢迎的一个。万智牌独创的世界观与丰富的背景故事，是其魅力所在。最早的故事是以克撒与米斯拉两位兄弟的争战为主轴，后来的每个系列都有独特的世界、人物与背景故事设定。

在万智牌游戏中，玩家的身份称为鹏洛客(Planeswalker)的强大法师，为求取荣誉、知识与冒险而与其他鹏洛客过招。套牌代表军火库中各式各样的武器，包括了能施展的咒语，以及召唤出来效命的生物。

游戏双方有各自的一副牌的组合(套牌)，在对战开始的时候双方各有 20 点生命。由先手的玩家开始，两位或者多位玩家轮流进行自己的回合。游戏的目标是用手中的卡牌设法将对方的"生命"降至 0 或以下，迫使对手无牌可抓，使对手获得 10 个中毒指示物或利用特殊咒语使其输掉此盘游戏。

万智牌总共有五种颜色：白、蓝、黑、红、绿。另外还有其他的牌属于"无色"(不属于任一颜色)。按每张卡牌在游戏中的用处不同，可分地、生物、结界、神器、鹏洛客五大类，统称为"永久物牌"，使用后会停留在场上。每一类牌有不同的使用规则、象征意义和功能(见图 3-15)，同时，它们各自还具有不同的"副类别"。

图 3-15　万智牌

### 3.2.13　汉诺塔

　　汉诺塔源于一个印度的传说,也是数学领域一个重要的问题:在印度北部的一个圣庙里,一块黄铜板上插着三根宝石针,印度教的主神梵天在创造世界的时候,在其中一根针上从下到上地穿好了由大到小的 64 片金片。一个僧侣一直在不停地移动这些金片,一次只移动一片,不管在哪根针上,小片必须在大片上面。僧侣们预言,当所有的金片都从梵天穿好的那根针上移到另外一根针上时,世界就将在一声霹雳中消灭,包括梵塔、庙宇和众生。

　　汉诺塔问题也是程序设计中的经典递归问题。如果按照每秒移动一次,白天黑夜不停,根据数学中递归的方法计算,结果是 5845.54 亿年,那时,世界可能真的就不存在了。如果将汉诺塔的玩法做一个简单的示意(见图 3-16),利用中间的空位,将金片移动到右边的位置,移动过程中保持小片在上面。根据前面的计算,如果层数是 3 时,移动的次数是 7。汉诺塔的玩法类似于九连环,当层数增加时,虽然步数复杂,但只要按照一定的步骤,就能一直重复进行下去。

图 3-16　汉诺塔示意图

### 3.2.14　数独游戏

数独游戏是一种数字游戏,名称来自于日语,就是每个数字独立、单一的意思,因此读作shudu。数独游戏源自 18 世纪瑞士数学家欧拉发明的数字拉丁方块,后来在美国和日本流行。在中国,类似的游戏最早可溯源到幻方。数独游戏中,9 个小九宫格(3 格×3 格)组成一个大九宫格(9×9 正方形)(见图 3-17)。将 1~9 的数字分别填入方格中,使大九宫格每一行、列的数字不重复。在数独游戏的发展中,也出现了许多类似的游戏,包括填字游戏,简化为 3×3、4×4 的数独游戏,要求每一列、每一行或者直线上的数字和相等、积相等的游戏。

据说,芬兰数学家因卡拉曾花费 3 个月时间设计了一个据称是世界最难的数独游戏(见图 3-18)。

图 3-17　数独游戏

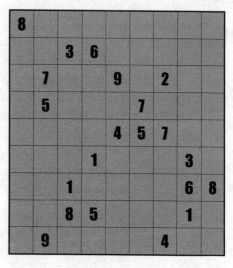

图 3-18　芬兰数学家因卡拉设计的数独游戏

### 3.2.15　地产大亨

地产大亨的最初形态出现于 20 世纪初,称为大地主游戏,后来称为地产大亨。国内对"地产大亨"这个名称可能并不熟悉,但如果说到"大富翁",大概就无人不知了,华人地区更多人将"地产大亨"叫作"大富翁"。另外,地产大亨游戏还有强手棋等叫法。

地产大亨的英文名叫作 Monopoly,意为垄断,也体现了这款游戏的目标和特点。游戏开始时,参与者均分配金钱作为资产,通过掷骰子行棋。同时掷出的两枚骰子,如果点数相同还可增加一回合,然后以收取费用的方式买地和建楼。到达无人拥有的物业时,玩家可选择要不要购买,到达别人拥有的物业时,地主可在该回合按照规则收取费用。

地产大亨是多人策略图版游戏,主要依靠运气,但也有策略的应用。游戏最后只有一位获胜者,若是限时游戏,则结束时资产最高者获胜。

地产大亨是通过掷骰子行棋并最终获得资源的游戏方式,其本身并不创新,这一点在我国最早的陆博游戏中已有体现,但它在欧美地区的图版游戏中拥有众多的爱好者。即使在中国,被称为大富翁的地产大亨,从 20 世纪 80 年代起,也是一款广受欢迎的游戏。

## 思考与练习

1. 改变德州扑克的游戏规则,如增加可换牌的数量等,进行试玩。
2. 迷宫设计。
3. 数独游戏设计。
4. 以魔方玩法为基础,进行创新设计,形成一个新的游戏。

## 参考文献

[1] 治·维加雷洛.从古老的游戏到体育表演——一个神话的诞生[M].乔咪加,译.北京:中国人民大学出版社,2007.
[2] 张景中.幻方与素数——娱乐数学两大经典名题[M].4 版.北京:科学出版社,2015.
[3] 丹尼尔·培根.桌面游戏[M].马丽君,译.沈阳:辽宁少年儿童出版社,2012.
[4] 丹尼尔·培根.魔幻游戏[M].马丽君,译.沈阳:辽宁少年儿童出版社,2012.
[5] 刘玲丽.数独游戏技巧[M].北京:化学工业出版社,2014.

### 第 4 章

# 电子游戏的发展

本章主要从游戏厂商和电子硬件发展的角度介绍电子游戏的发展。

当电子技术出现后,很快被应用到了游戏行业,游戏借助电子设备这种新媒介的特点,得到迅速发展,产生了巨大变革,出现了与之前截然不同的形态。

人们习惯将通过视频显示的游戏称为电子游戏,以体现新技术的特点,而将之前的游戏称为传统游戏或物理游戏。今天提到"游戏"这个词,更多的是指电子游戏。电子游戏早期通常使用专用的游戏主机和操纵设备(如操纵杆等)进行游戏控制。其中有专门为公共娱乐场所提供的经营性专用游戏机,称为街机,也称为大型电玩,使用专用游戏机为了强调游戏的真实感和竞技性,现在国内游戏厅多见。在街机上运行的游戏也称为街机游戏,而家庭使用的小型游戏机则称为家庭游戏机,采用电视机的屏幕作为显示设备的,又称为电视游戏。电子游戏发展到现在,个人电脑和移动设备成了最主要的游戏平台,尤其是智能手机。

## 4.1 投币游戏机

最早的电子游戏,可以追溯到 19 世纪末德国出现的一种自动产蛋机,这种机器类似于今天的自动售货机,玩法就是投入硬币,吐出鸡蛋,并伴有声音效果。另外,还有 20 世纪初德国的八音盒游戏机(投入硬币,会播放一段音乐),抓娃娃机等。这些可以看作是最早借助电子手段进行的游戏娱乐活动,即电子游戏的初级形态,它们具备一些游戏的主要特点:人们主动参与、有互动、有结果。

## 4.2 电子游戏的起步

20 世纪 40 年代,第一台电子计算机的出现,对于游戏的发展具有里程碑意义。计算机、软件技术迅速发展,推动电子游戏的大众化。如同许多其他伟大的发明一样,电子游戏的产生最初也是无心插柳。1958 年,在美国布鲁克海文实验室,为了娱乐无聊的参观者,威廉·希金博特姆博士用示波器、控制箱和用来计算导弹弹道的计算机做了一个仪器,模拟了一场网球。无数的参观者沉迷于这个装置,他们从未想过可以在一个虚拟的世界中如此游玩。常被游戏史提及的这个游戏就是《Tennis for Two》(见图 4-1),它标志着电子游戏的开端。

图 4-1 《Tennis for Two》游戏

1961 年,MIT 程序员在电子计算机上编制出小软件《宇宙战争》,成为人类历史上第一个电脑游戏(见图 4-2)。1969 年,瑞克·布罗米以"太空大战"为蓝本,编写了名为《太空大战》的游戏,支持两人远程连线。

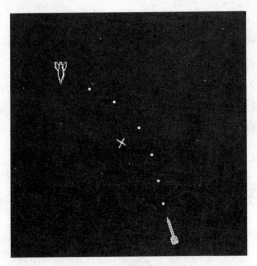

图 4-2 《宇宙战争》游戏

电子游戏这个巨大产业和文化的种子就这么埋下了。1971 年,被称为"游戏之父"的美国电气工程师诺兰·布什纳尔,设计了世界第一台商用电子游戏机。1972 年,经历了《Computer Space》的失败,诺兰和同伴们一同成立了一家专门针对游戏的商业研发公司——雅达利,并推出一款名为《Pong!》的游戏(见图 4-3)。街机游戏《Pong!》一上市就获得了成功,以 1200 美元的价格,在不到两年的时间内售出了上万台。人们渐渐意识到,一个全新的商业娱乐时代已经到来。

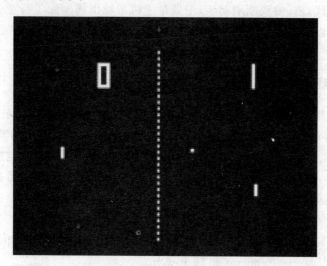

图 4-3　《Pong!》游戏

实际上,更早的街机游戏还有《Computer Space》,以及家用游戏机 Magnavox Odyssey,这些都早于《Pong!》,但都没引发什么热潮。《Pong!》虽然出现较晚,却因为商业上的成功,成为当之无愧的电子游戏先驱,人们都习惯将它看作为第一款商业电子游戏。

1977 年,雅达利推出了一款家用电子游戏机"雅达利 2600",这个游戏机确定了下一个时代家用游戏机的构架:以游戏机为核心,连接两个手柄作为控制器,卡带作为游戏载体,电视机为输出端。雅达利第一代电视游戏机体积较小、价格低,但无法更换游戏。1979 年出现了雅达利的第二代电视游戏机,有 8 种色彩和简单音乐,且可更换游戏,雅利达当年销售了 3.3 亿美元,第四年达到 30 亿美元。雅达利的代表作有《拳击》《机器人大战》和《高尔夫球》,世界上也第一次出现电视游戏热。电子游戏机向"家庭化"发展,这个小小的机器占领了美国无数家庭的客厅,也让雅达利成为那个时代"电子游戏"的代名词。

20 世纪 70 年代,世界上第一台 PC 以及第一台苹果机的诞生,对电子游戏的快速发展起到了关键性的作用。斯考特·亚当斯在 1978—1984 年为 TRS-80 和 Apple 2 等 PC 开发了数十款文字冒险游戏,被称为"PC 游戏之父"。其中,1978 年的《冒险岛》是历史上第一个PC 游戏。

# 4.3　20 世纪 80 年代的电子游戏发展

20 世纪 80 年代,PC 游戏刚刚起步,主要是主机游戏市场。除了行业先锋雅达利,还有日本任天堂、日本电器股份有限公司(NEC)、世嘉、索尼、美国艺电和法国育碧都是游戏市场的主体。

## 4.3.1　主机游戏发展

20 世纪 80 年代的游戏产业仍然由小作坊式的思维主导,几个程序员按着自己的意愿随心所欲地编写游戏,导致了游戏质量的不可靠,这一现象在整个美国的游戏业界都不断出现。1983 年,由于《E.T》和《吃豆精灵》的挫败,加上第三方厂商的粗制滥造,雅达利公司的用户渐渐失去信心,公司业绩大幅下滑。1983 年,雅达利以 5 亿美元的亏损收场,这一年美国整个电子游戏行业惨败,被称作“雅达利冲击”。1985 年,雅达利销售额跌到 1 亿美元,最终破产易主。

同时,来自日本的任天堂带来了新的主机(我们熟知的 FC 红白机,如图 4-4 所示)和一个矮胖的小胡子大叔——Famicon 和马里奥兄弟。两年后,Famicon 在北美登陆,美国的电子游戏行业随着这位小胡子背带裤大叔的到来而重振江湖,一时间,家用游戏机席卷全球。后来,大陆地区发行的“小霸王”游戏机,正是山寨 FC红白机。在此期间,世嘉也看到了主机游戏市场,推出了一系列游戏机,但因操作性能以及任天堂的打压,表现不尽如人意。雅达利也推出自己的雅达利 7800,但因为之前的大崩溃事件,最终由于没有厂商愿意为其开发游戏而落败。任天堂公司 1979 年开始开发“太空战争”游戏机。

图 4-4　任天堂 Famicon 游戏机

1982 年,任天堂开发出《超级马里》。到 1983 年,任天堂的第三代家用电脑游戏机,因为画面质量高、内容精彩、价格低廉、反应速度快而广受好评,到 1992 年底游戏卡销售达到 4.45亿美元。任天堂成为全世界最大电子游戏公司,一直到现在,在电子娱乐领域都占有重要地位。任天堂总结的成功原因是:成功的游戏是选择好题材、做出好设计——好的游戏内容与先进的技术是相辅相成的。

任天堂的崛起离不开当时的社长山内溥的正确抉择,他在 1984 年与第三方游戏厂商南梦宫和哈德森合作推出游戏产品,从而满足了游戏市场的巨大需求。也正是在这些合作中任天堂多次提出强势要求,让第三方游戏厂商纷纷心生不满,为任天堂后来的发展埋下隐患。但在当时,任天堂获取了巨额利润,还不用承担风险。

任天堂的绝对统治地位被打破是从 1987 年日本电器股份有限公司(NEC)推出 PC Engine 开始的。为了摆脱 1986 年任天堂在 FC 磁碟机中的霸王条款,南梦宫与哈德森协助 NEC 推出了 PC Engine 电视游戏主机(见图 4-5)。这台主机不仅画面性能超过 FC,体积更小且性能更高,因为支持 CD-ROM,使得其游戏光盘的容量远远超过了任天堂的卡带,而且还具有中断记忆功能。同时,NEC 还专门针对具体的人群,如成年人、老年人开发游戏,主机上的代表作有《改造超人》和《城市猎人》等。这些使得 PC Engine 获得了相当一部分主机市场,从此任天堂 FC 开始走下坡路。为了方便玩家携带 PC Engine 主机,NEC 还推出了便携式掌上版游戏机 PC Engine GT 和 LT 系列。

世嘉公司的第五代机 MD 的推出让玩家开始放弃 FC 红白机。MD 是真正意义上的 16 位机,其强大的性能带给了玩家真正的街机体验,世嘉公司也因此拥有了众多追捧的粉丝。

1989 年,任天堂开始开发掌机游戏机市场以弥补主机市场的损失,推出了 Gameboy,其便携的特征以及众多卡带的支持,让 Gameboy 赢得了掌机市场,任天堂的实力再一次增强。

任天堂在 FC 红白机之后,通过索尼公司久多良木健的斡旋,决定与索尼合作开发新一代 SFC 主机——PlayStation-X(见图 4-6)。1990 年,在两家公司的合作发布会上,PlayStation-X 强大的性能与索尼展现出的技术能力让任天堂高层感到了深深的忧虑,他们担心索尼日后独立进军家用游戏机行业对自己形成威胁。因此,1991 年,任天堂与飞利浦公司宣布共同开发另一款 SFC 扩充 CD-ROM 主机 CD-I,而将与索尼公司的合作搁置,却迫使索尼独立走向了游戏市场。

图 4-5　PC Engine 主机

图 4-6　PlayStation-X

任天堂通过新一代主机 SFC 与以《超级马里奥世界》和《最终幻想》系列为代表的强大游戏阵容取得了巨大的成功。

整个游戏发展史上值得关注的游戏厂商除了任天堂这样的业界霸主之外,还有不少其他有影响力的厂商。例如,1982 年,美国艺电(Electronic Arts,EA)创建,后来成为全球著名的互动娱乐软件公司,经营电子游戏开发、出版以及销售,雇员总数约 8000 人;1986 年,法国育碧成立,其开发的优秀作品有《雷曼》系列、《刺客信条》系列、《波斯王子》系列以及《细胞分裂》系列等。

### 4.3.2 PC 游戏发展

在 20 世纪 80 年代,电子游戏就是游戏主机的专属。尽管当时 PC 已经初露锋芒,但是其相对较弱的处理性能使得 PC 无力运行游戏程序——当时的 PC 连渲染彩色 2D 画面都做不好。如果坚持要在 PC 上玩游戏,那也只有文字冒险游戏可供选择了,如最负盛名的《山洞冒险》(Colossal Cave Adventure)。

一位来自堪萨斯州的程序员约翰·卡马克,敏锐地发现 PC 虽然无法在图片每一帧刷新时重新绘制所有的画面,但只绘制变化的部分这一点还是做得到的。于是他花了一晚上在 PC 上重置了《超级马里奥》的第一关。当他的同事约翰·罗梅罗来他家做客的时候,发现卡马克的 PC 上运行着不可能运行的东西,激动的罗梅罗鼓励卡马克把这个项目做完,然后找到了任天堂希望合作展开 PC 游戏移植业务,结果被固执的任天堂拒绝了。二人于是自己从头开发了一款横版动作游戏,并找到 Apogee 公司以共享软件的方式发行。在那个互联网刚刚火起来的年代,这款叫作《指挥官基恩》的游戏一共卖掉了 10 万份,凭借这笔钱,约翰·卡马克和约翰·罗梅罗二人在 1991 年开办了日后名号响彻 PC 游戏业界的公司——id Software。

## 4.4　20 世纪 90 年代的竞争

20 世纪 90 年代,除了主机游戏市场外,随着个人电脑的发展,PC 游戏的竞争加剧。任天堂、世嘉、索尼和土星等是游戏机研发的主体,此外,还有主要进行游戏内容研发的机构,如大名鼎鼎的暴雪、id Software 和西屋等公司登上了历史舞台。

### 4.4.1 主机平台上的竞争

1990 年,任天堂推出《超级任天堂》(SUPER FAMICOM,SF)、《超级马里奥 Ⅵ》《街头霸王 Ⅱ》等游戏。而世嘉 MD 通过推出一系列符合欧美玩家口味的体育与动作游戏,在北美地区与 SFC 形成相互抗衡的局面。1992 年,索尼与任天堂的合作关系正式破裂,于 1993 年公布了主机 PlayStation 的独立开发计划,并在同年正式成立 SCE 索尼电脑娱乐公司,由久多良木健担任社长,1994 年,有最先进 3D 影像技术的电视游乐器 PlayStation 加入游戏硬件市场(见图 4-7)。

1993 年,世嘉公司在街机上推出了 3D 格斗游戏《VR 战士》,这款游戏在市场的惊人表现使得主张 3D 游戏的 PS 主机获得了卡普空等大量游戏厂商的支持。

此时的任天堂发布了下一代家用游戏机 N64 和后续掌机 Virtual Boy 计划。1994 年

图 4-7　PlayStation 主机

底,世嘉的土星与索尼的 PS 两台 32 位次时代家用游戏机,凭借其强大的性能及 3D 表现力取得了成功。任天堂社长山内溥为了打击竞争对手,不顾项目负责人横井军平的劝阻,决定将技术不成熟的 Virtual Boy 推向市场,结果销量惨淡。这是历史上第一款携带式 VR 游戏眼镜,但当时的技术条件不足,再加上竞争对手的打压让其严重滞销。这个失败决策使得任天堂麻烦不断,并迎来了长达 10 年的连续失败。

土星和 PS 两台 32 位游戏机达到百万销量后,SEGA 与索尼的竞争进入白热化阶段,久多良木健凭借价格优势牵制了土星的推广。之后 SEGA 开始反扑,先是与 SNK 签订协议,宣布将 SNK 的一系列名作移植到土星,1995 年 12 月发布的土星版《VR 战士 2》游戏,掀起了土星销量的热潮,成为土星在日本地区销量最高的游戏,土星也成为 1995 年最火的主机。

陷入低潮的索尼 PS 凭借南梦宫的《铁拳》和《山脊赛车》让玩家和厂商认识到,PS 强大的 3D 技能绝非土星可以比拟。任天堂 Virtual Boy 计划失败后,把希望寄托于新一代家用主机 N64 上。山内溥认为 64 位游戏机将成为里程碑式的存在,但 64 位 CPU 非常昂贵,且任天堂坚持在 N64 上使用容量有限的卡带作为游戏媒介,使得开发历经重重困难。后来任天堂耗资 4000 万美元,集结了任天堂史上最大规模的开发团队,全力开发全 3D 动作游戏《超级马里奥 64》。在 1996 年 2 月 N64 营销计划启动时,史克威尔突然在东京召开了新作发布会并宣布,史克威尔将全面进军索尼的 PS 平台,同时公布了超级大作《最终幻想 7》的 DEMO 画面。

史克威尔的倒戈对任天堂造成了重大打击,对任天堂不满的第三方厂商纷纷转向 PS 阵营。迫于压力,原定 4 月份发布的 N64 延期至 6 月。凭借任天堂强大的市场号召力,N64 不到 10 天就销售了 50 多万台,比当初 PS 和世嘉土星的普及速度快了一倍以上。在这之后,N64 由于游戏软件数量极为稀少,出现了滞销现象。N64 在性能和价格上占有优势,但任天堂坚持使用卡带,直接导致游戏软件难以开发,再加上日本第三方厂商大规模倒向索尼的雪崩效应,让 N64 走向失败。排除商业上的失败,N64 依然为电子游戏的发展做出了不可磨灭的贡献,它开创了 3D 类比摇杆震动包和四个手柄接口的先河,而且《超级马里奥 64》和《塞尔亚传说》等也仍然是游戏史上最佳的一批游戏。

1996 年,《妖精战士》《幻想水浒传》《铁拳 2》《魂之利刃》以及《山脊赛车革命》在洛杉矶第二届 E3 大展的出现,为 PS 更快地占领日本市场打下了坚实的基础。同年 8 月,在由

CESA 主办的首届东京电玩展上,PS 更是成了主角,《最终幻想 7》获得了空前的关注。虽然 SEGA 推出了《樱花大战》《格兰蒂亚》和《光明力量 3》等优秀作品,但也没有力挽狂澜。

1997 年 1 月,PS 全球出货量突破 1000 万台。世嘉在与索尼的 PlayStation 进行竞争后,发现其自身处于不利的地位,和任天堂一样,根本无法与之抗衡。为了扭转这一不利局面,世嘉决定研制 Saturn 的下一代主机 DC(DreamCast)。DC 主机使用微软的 Windows CE,它拥有在当时相当强大的图形处理能力,使得 DC 在上市之后大卖,甚至出现了断货的局面,而同时期的 PlayStation 与 Nintendo-64 拥有更加稳定的游戏供应商。缺货使得世嘉举步维艰,而在后来的美国电子娱乐峰会上,索尼公司推出的 PlaysSation2 拥有高达每秒 7500 万的多边形处理能力,则给了世嘉 DC 一个毁灭性的打击。

## 4.4.2　PC 平台上的竞争

1990 年,PC 平台上推出了第一款游戏——Maxis 公司的《模拟地球》。由于操作方式和硬件性能的截然不同,相较于以动作游戏和 RPG 游戏为主的主机平台,PC 平台需要选择截然不同的发展方向。

id Software 在开发了不少横版动作游戏之后,约翰·卡马克做了一件惊天动地的大事——在 PC 上开发 3D 游戏。这款叫作《德军总部 3D》的游戏开创了第一人称射击游戏的先河,收获了极好的口碑,带来了每月 20 万美元的收入(见图 4-8(a))。仅仅过了一年,id Software 又推出了另一款第一人称射击游戏《毁灭战士》(见图 4-8(b)),游戏画面有了翻天覆地的变化。《毁灭战士》凭借远远领先时代的画面、多层次场景关卡和动态光源等新技术成了第一人称射击游戏的一个里程碑,而游戏最大的创新是《DOOM》支持最多本地 4 人、网络 2 人的联机对战。凭借卡马克高效率的代码,《DOOM》的配置要求极低,到 1995 年,一共卖掉了超过 1000 万份,几乎和 Windows 95 一样多。

(a)《德军总部3D》游戏　　　　　　　　(b)《毁灭战士》游戏

图 4-8　id Software 开发的两款游戏

1992 年,一家叫作 Westwood Associates 的游戏公司与另一家名叫 Virgin Interactive 的公司合并,即后来大名鼎鼎的西屋(Westwood Studios)。合并前的 Westwood Associates 已经凭借一款叫作《暴战机甲兵:新月鹰复仇》的游戏确定了即时战略游戏的基本概念,合并后的西屋更是以《沙丘Ⅱ》一举开创了即时战略游戏的热潮(见图 4-9)。玩家很快迷上了以上帝视角经营自己基地再派出坦克大军与 AI 或真人对手决一死战的快感。《沙丘Ⅱ》被作为即时战略游戏的经典范本,出现在《沙丘Ⅱ》中的许多要素,如各有特色的势力、资源收集及科技树等,直到今天也被即时战略设计者认为是经典的内容。

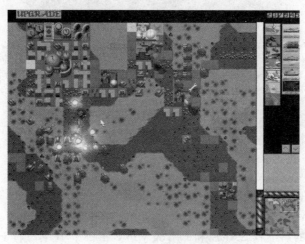

图 4-9　《沙丘Ⅱ》游戏

　　提到即时战略游戏就不得不提到暴雪娱乐有限公司(暴雪)。1991 年,三个加州大学洛杉矶分校毕业生创立名为"硅和神经腱"的游戏公司,这就是著名的暴雪互动娱乐的前身。1994 年,公司更名为暴雪娱乐有限公司,代表作有《失落的维京人》《星际争霸》《魔兽争霸》和《魔兽世界》等。

　　暴雪在即时战略领域的初次涉足是 1994 年的《魔兽争霸:兽人与人类》,这款游戏的核心内容几乎和《沙丘Ⅱ》一模一样,只是场景换成了剑与魔法的幻想中世纪,色调也从土黄色的沙漠换成葱绿的森林,但令人耳目一新的画面和过硬的游戏质量还是让《魔兽争霸:兽人与人类》博得了玩家的一致好评。

　　1998 年,暴雪又发布了《星际争霸》(见图 4-10)这款划时代的即时战略游戏,首次采用了 45°顶视角,而不是正上而下的视角,使得游戏细节更加丰富,视角也更加自然。《星际争霸》细分了地图坐标,使得游戏操作更自然,游戏本身质量极其过硬,非凡的平衡性让其常年保持 WCG 竞赛项目的位置。

　　《星际争霸》的成功促使刚刚收购了西屋的 EA 强令西屋赶工完成开发中的《命令与征服:泰伯利亚之日》。这款游戏本应是西屋的经典作品之一,有着许多创新之处,因为赶工导致的平衡性严重失误而落得了普遍差评。所幸 Westwood Pacific 工作室在 2000 年拿出了传奇的《命令与征服:红色警戒 2》,这款作为《命令与征服》系列外传比本传还有名的作品,为西屋挽回颜面。

　　在暴雪的《星际争霸》与西屋的《命令与征服》竞争之时,一群加拿大人把 3D 带进了即时战略游戏世界,3D 不仅仅是画面上的,也是游戏操作上的,他们就是 Relic Entertainment 公司,他们带来了史上第一款带有"z 轴"概念的即时战略游戏——《家园》(见图 4-11),复杂

图 4-10 《星际争霸》游戏

的三轴操作使得《家园》系列成了史上最难的即时战略游戏之一。《家园》的横空出世也确立了即时战略游戏业界西屋、暴雪、Relic Entertainment 的三足鼎立之势。尽管西屋在 2003 年被 EA 解散，但它的后继者 EALA 和 Petroglyph Games 仍在续写属于西屋的即时战略传奇。

图 4-11 《家园》游戏

# 4.5 21 世纪的电子游戏

在 2000 年，世嘉推出了一款制作精良的互联网游戏《梦幻之星 Online》（见图 4-12），这是第一个出现在主机平台的网络 RPG 游戏，依照当时的技术条件推广互联网游戏无疑是会失败的,但这一系列仍然存活下来,并成为世嘉的招牌游戏系列之一。在 2001 年,世嘉无力支持 DC 游戏机的生产,从此退出家用游戏机市场,转变为软件开发商。DC 游戏机虽然出现的时间很短,却拥有不少精良的游戏。后来人们将彻底击败 DC 的 PlayStation2 与 DC 画面进行比较,发现两者的差距其实并没有那么大,世嘉优秀的最后一代家用主机 DC 只能永远消逝在历史的长河之中。

图 4-12　《梦幻之星 Online》游戏

　　继 PS 的成功之后,索尼为了保持优势,于 2000 年在日本发布了 PS2(图 4-13(a)为原始版本,图 4-13(b)为 2004 年发售的轻量版)。这台新一代主机采用了 128 位的 EE 处理器,发售后立刻引起了抢购狂潮,发售 3 天售出 98 万台。一年半后,PS2 已经售出 2000 万台,而此时任天堂的 NGC(Nintendo GameCube)才刚刚发布,微软的 Xbox 甚至尚未发布。PS2 出色的销售量让大部分软件供应商选择将其作为软件发布平台,如《战神》《王国之心》和《真·三国无双》等系列都诞生于 PS2。

(a) PS2原始版本游戏主机　　(b) 2004年发售的PS2轻量版本

图 4-13　PS2 游戏主机

　　索尼和任天堂最初都并不在意网络多人游戏服务,但 Xbox Live 发布之后,索尼也跟进发布了自己的网络平台 PlayStation Network(PSN)。得益于优秀的首发游戏和广告宣传,以及 EA 的协助,索尼成功地让网络功能成为 PS2 最主要的卖点。

　　此后,《侠盗猎车手》《最终幻想》《勇者斗恶龙》《合金装备》以及《实况足球》等系列在 PS2 平台上纷纷登陆,让 PS2 进入全盛时期。任天堂当时在掌机方面保持着近乎垄断的地位,但仓促发布 NGC 主机,以及复刻以往作品以填补游戏软件的真空期,导致 NGC 的销量并不尽如人意。此外,山内溥对北美经营层进行清算,还导致了 NGC 在北美的销售颇为艰难。当时,微软 Xbox 事业部的员工有将近三分之一来自原北美任天堂,这些员工让微软对对手的情况了如指掌,使得任天堂在主机大战中处于不利地位。

　　首次进入游戏界的微软凭借与世嘉的关系,让世嘉将很多优秀的游戏软件都发布在了 Xbox 平台上,并拉来了大量世嘉粉丝。微软还利用自身优势打造了当时最优秀的家用机网络服务——Xbox Live。微软也看重日本游戏市场,Xbox 在日本首发时,比尔·盖茨亲自来到东京向人们推广 Xbox,微软还针对日本人的体型设计了小型化的手柄。为了推进这款产品的销售,比尔·盖茨在一年内 3 次亲临日本,投入大量资金拉拢第三方游戏厂商为 Xbox 制作游戏。Xbox 最终凭借 2200 万台的总销量超过任天堂的 NGC,一跃成为世界第二的家用游戏机供应商。任天堂 NGC 的失败让形势不容乐观,2002 年,山内溥正式宣布辞去社长职务。岩田聪接任社长位置之后,开始对任天堂进行了一场由里到外的彻底变革。

　　2003 年,微软在 Xbox 上推出的 FPS 游戏《光晕》迅速在欧美流行起来,最终销量达到了 500 万套,这成为微软在欧美游戏市场上的突破口。微软之后推出的《光晕 2》在发售的第一天就创下了 1.25 亿美元的销售纪录,此后具有欧美风格的游戏,如《侠盗猎车手》等也都深受欢迎。欧美市场的巨大潜力也被动视、艺电、育碧及 RockStar 等欧美游戏公司发现,这些公司开始大力开发欧美风格的游戏,所获得的收益已经超过了日本游戏厂商。

　　日本厂商也开始意识到欧美游戏市场远大于日本游戏市场,在制作游戏的时候也开始兼顾欧美的审美,但是由于东西方文化的巨大差异和先前的制作习惯,制作出符合欧美人审美的游戏困难重重。日本游戏市场开始陷入低迷,科乐美和史克威尔这样的大厂还能勉强支撑,卡普空和南宫梦等厂商却陷入了财政赤字的危机中。由于日本游戏市场的低迷,索尼为了减轻 PS2 硬件巨额赤字造成的财务压力而大幅提高了权利金标准,更使日本游戏厂商雪上加霜。为了谋求生存,许多厂商选择了合并,2003 年 4 月,史克威尔与艾尼克斯合并,在此之后世嘉与森美,万代和南梦宫也相继合并形成新公司。

　　在 2003 年 E3 展前夕,微软率先公布了新一代的家用主机 Xbox360,如图 4-14(a)所示,其高性能的 3 核处理器和 ATI 图形处理器成为主要卖点。Xbox 发布几天后,索尼也发布了 PS3,如图 4-14(b)所示,这台次时代游戏机采用了 IBM、索尼及东芝共同研制的超级处理器 CELL,强大的处理器有 Xbox 两倍以上的浮点运算能力。同时,PS3 的游戏将通过拥有传统光碟 6 倍储存容量的蓝光光碟来存储,新的主机平台带来了革命性的画面效果。

　　由于对索尼 PS2 的抢先发售优势印象深刻,微软在 Xbox360 上采用了抢先发售的策略,于 2005 年 11 月抢先发售,并携带 18 款首发游戏。尽管仓促上市的 Xbox360 质量并不理想,但凭借微软过硬的软件功底,强大而通用的开发工具和优秀的游戏阵容仍然使Xbox360 取得了庞大的市场销量和广泛的第三方厂商支持。欧美厂商更是纷纷在 Xbox 上推出自己的鼎力之作,《使命召唤》《光晕》《刺客信条》《战争机器》等大作纷纷登陆 Xbox360。凭借优秀的硬软件性能,Xbox 也终于让第一人称射击游戏在主机上打出了一片天。微软不惜重金拉拢日本第三方厂商,吸引到了《最终幻想 13》和《蓝龙》等优秀作品。

(a) Xbox360主机　　　　　　　　(b) PS3主机

图 4-14　家用主机

索尼的 PS3 比 Xbox360 晚了将近一年,在 2006 年 11 月上市。到 2007 年 5 月,PS3 销量超过了 500 万台。凭借《神秘海域》《GT 赛车》及《潜龙谍影 4》等强大独占游戏的支持,尽管背负着产能不足、价格过高以及缺乏游戏软件的种种不利因素,PS3 最后仍然取得了不错的销量,但后来还是在与微软的竞争中败下阵来。作为游戏史上的传奇制作人,小岛秀夫的《潜龙谍影 4》拿到了日本媒体 Fami 通和西方媒体 IGN 的双满分评价,而在这之前唯一做到这一点的游戏是《塞尔达传说:时之笛》。

任天堂直到 2006 年 4 月才将开发代号为"革命"的主机正式定名为 Wii(见图 4-15),并用极为与众不同的方式在同年 E3 展会上向玩家揭开了真面目。任天堂并没有像微软和索尼那样大肆宣传自家主机的硬件性能,Wii 的画面表现效果无法与 Xbox360 和 PS3 这种完全的"次世代主机"相比,但发明了摇杆手柄的任天堂向玩家展示了一个新的操作方式,一个打破由任天堂自己定下的主机操作方式——体感手柄。在此之前,从来没有一个游戏需要玩家动用全身去玩。

任天堂决心打破玩家与非玩家之间那堵无形的墙。在 Wii 平台上,比起《银河战士》和《塞尔达传说》等

图 4-15　任天堂 Wii 主机

真正的大作,《Wii Sports》和《第一次的 Wii》《瓦里奥制造》等轻松愉快的小游戏取得了更好的销量,那些即使从来不玩游戏的人看到如此奇特的玩游戏方式也不禁为之心动。尽管核心玩家对硬件性能的评价不高,Wii 革新性的操作方式还是引发了长达 4 年的销售热潮,而且仅用了不到一年时间销量就超过了提前一年发售的 Xbox360。在 2013 年宣布停产前,Wii 在全球已卖出一亿多台。

尽管 Wii 取得了很大的成功,Wii U 却在新一个时代的主机竞争中,成为任天堂旗下所有游戏机销量最差的一款。2017 年 3 月,任天堂发布兼具主机和掌机功能的新一代产品 Nintendo Switch,获得了好评,上市 9 个月就超过了 Wii U 的累计销量。

## 4.6 掌上游戏机的发展

掌上游戏机又名便携式游戏机、手提游戏机,简称掌机,如任天堂的 GB、GBA、NDS、3DS,索尼的 PSP 和 SEGA 的 GG 等。随着智能手机的普及,目前手机已成为掌上游戏的主要设备。

今天,便于携带和使用的智能手机等移动终端的快速普及,使游戏的玩家群体迅速增长。实际上,在商业电子游戏发展之初,人们就开始关注手持游戏机的开发。最早的掌上游戏机是由 Mattel 公司开发的手持电子游戏系列,首款游戏是在 1977 年发售的《Auto Race》,1978 年发售了《Mattel Football》。Mattel 掌机和后来任天堂的 Game&Watch 一样,一台游戏机只能玩一款游戏。1979 年,美国的 Milton Bradley 公司开发了可以更换游戏内容的掌上游戏机——Microvision。

由任天堂在 1980 年发售的 Game&amp 掌机,最初也不可扩展,后来发行了可替换游戏的版本,确定了掌机的基本形态。1989 年,Atari 推出了世界上第一台彩色掌机。

任天堂 1989 年发售的 Game Boy(GB)掌机(见图 4-16(a)),设计理念源于早期的 Game&Watch。GB 轻巧、低耗并便宜,借助无数优秀的软件,它比其他掌机成功许多。1996 年,任天堂发布 8 位掌上游戏机 Game Boy Pocket(GBP),机体设计更加小巧轻便,显示屏变大,也更省电。在后来的版本中又增加了屏幕背景灯光的功能,便于夜晚清楚显示游戏画面。1998 年,任天堂推出了 GB 的彩色版本 Game Boy Color(GBC),具有红外线通信功能。

世嘉在 1990 年发售了第一款彩色游戏掌机,简称为 GG,晚于任天堂 GB,但比 GB 性能更强。由于软件支持度小、电池持久力低等原因,销量远少于 GB。GG 上的游戏少却不乏经典,如《铁甲威龙》《暴力辛迪加》及《战斧》等。后来,任天堂推出了新一代掌机 Game Boy Advance(GBA),玩家可看书、听音乐、看图片及下载小电影等,成了一台具有实际应用意义的移动多媒体播放器＋随身"任天堂"移动红白游戏机。2003 年发售的 Game Boy

Advance SP,为 GBA 的改进型版本,由原来的横板设计改为更为流行的翻盖设计,减小了游戏机的体积。

2004 年 PlayStation 大会上,SCE 公布了掌机 Play Station Portable(PSP)项目,如图 4-16(b)所示。PSP 结合了多项新技术及高性能硬件,屏幕分辨率达到 480×272 像素,在掌机史上具有里程碑意义,但游戏类型过于单一,销量并不理想。在此后的发展中,SCE 对 PSP 进行了不断的改进,开发了 PSP-2000、PSP-3000 及 PSP go 等型号。

掌机世界中的另一重要成员是任天堂在 2004 年开始发售的新掌机 Nintendo DS(NDS),它是一款与 PSP 同期竞争的掌机,同时发售任天堂开发的知名游戏,如《超级玛丽 64DS》《口袋妖怪 DASH》等。因在游戏性等方面的优势和对游戏艺术的追求,NDS 的销量一直领先。此后 NDS 进行了不断改版,2011 年,任天堂推出了结合了多项新技术并支持 3D 游戏的次时代新型掌机 3DS(见图 4-16(c))。

智能手机上丰富的游戏和娱乐资源使得人们对掌上游戏机的需求降低。随着硬件升级,智能手机已经可以跑越来越大型的游戏,包括对硬件要求较高的游戏,手机成为一个重要的通用游戏平台。

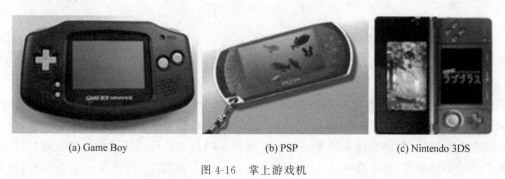

(a) Game Boy　　　　　　(b) PSP　　　　　　(c) Nintendo 3DS

图 4-16　掌上游戏机

# 4.7　中国电子游戏发展

1980 年开始,中国台湾开始支持电子游戏的发展。1988 年,台湾大宇公司成立,开发出《大富翁》游戏,卖出 3.5 万份。到 1993 年,台湾原创游戏达到巅峰。宏碁推出"小教授一号"学习机,即 Apple II 兼容机。1999 年,中国第一款图形网络游戏《万王之王》问世。

同样是在 20 世纪 80 年代初,中国大陆开始创办民营的科技实体。1985 年,我国的第一台个人计算机长城微机诞生。1992 年,智冠在广州成立分公司。1986 年,部分高校和工厂研制生产了 Apple II 兼容机——中华学习机,硬件是电子游戏发展的基础。

1995 年,北京前导软件公司成立,开发了国内首款基于 Windows 95 平台的游戏软件

《官渡》，虽然这是一款失败的游戏，但在中国电子游戏发展史上，具有开拓性意义。同样还有 1997 年尚洋电子推出的《血狮》（见图 4-17），《血狮》事件成为中国游戏发展史上不可回避的一页，也带给后来的游戏开发者有价值的借鉴和思考。

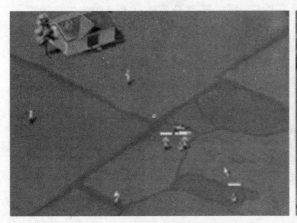

图 4-17 《血狮》游戏

1996 年开始，境外游戏机构开始进入中国，首先是美国艺电与法国育碧分别在北京和上海设立了分支机构，随后，国外大多知名的游戏公司都先后在中国设立了分支机构。1999 年，第一款图形网络游戏《人在江湖》开发成功。

2001 年，盛大网络在大陆运营韩国网络游戏《传奇》，也开启了中国网络游戏的传奇。2006 年，盛大网络对网络服务付费模式进行调整，如游戏免费下载、先试玩后付费等，改变了游戏产业的结构，对游戏行业的发展产生了重要影响。大量公司开始相继进入游戏行业，成就了一批游戏公司，包括盛大、巨人网络、九城、网易、完美时空、腾讯及金山等，游戏公司也开始成为上市公司。

移动互联网时代，多媒体技术的进一步发展，特别是移动通信的发展和互联网的广泛使用，使电子游戏厂商越来越多地采用通用硬件平台。中国电子游戏的玩家群体和市场规模也保持着增速发展。截至 2017 年底，据统计，中国共有上市游戏公司 185 家，新三板挂牌游戏公司 158 家，游戏市场规模约 2200 亿人民币，中国也成为全球最大的游戏市场。

**思考与练习**

1. 电子游戏发展中，技术的发展给游戏带来了怎样的变化？
2. 电子游戏发展中，游戏有哪些不变的因素？

**参考文献**

[1] 井上理.任天堂快乐创意方程式[M].郑敏，译.海口：南海出版社，2011.
[2] 托尼·莫特.有生之年非玩不可的 1001 款游戏[M].陈功，尹航，译.北京：中央编译出版社，2013.
[3] David Kushner.DOOM 启示录[M].孙振南，译.北京：电子工业出版社，2015.

［4］　前田寻之.家用游戏机简史［M］.周自恒,译.北京：人民邮电出版社,2015.

［5］　游久网.电子游戏大电影——带你领略游戏的发展史［EB/OL］. http://www. iqiyi. com/ v_ 19rrmkivp4. html.

［6］　游戏的故事——揭秘电子游戏诞生史［EB/OL］. http://v. baidu. com

［7］　BlinkWorks. 独立游戏大电影［EB/OL］. https：//www. bilibili. com/video/av2915301/.

### 第 5 章

# 游 戏 规 则

本章主要介绍游戏中的一些普遍性规则,即一些被长期验证为玩家所接受的通用规则。常说要尊重游戏规则,就强调了游戏规则的重要性。

一款电子游戏,从游戏开始就面对一系列的规则:游戏中实现交互方式的操作,是通过触摸、操控手柄、按键还是虚拟按键来实现,在游戏中如何实现前进、后退及跳跃等操作。游戏规则也包括在游戏世界中的一系列具体规则:滑块游戏中棋子只能在棋盘上滑动,跳棋游戏中只能沿直线行进,消除游戏中连成直线就被消除,以及关卡任务如何开始、如何结束,游戏故事如何讲述等。从规则的角度来看,一款游戏就是由各种不同的规则所构成的。因此,规则是游戏的本质特征和主要特征之一,是游戏得以进行和具有吸引力的基础和保障。

一个好玩的游戏通常是易学但难于精通的,或上手简单,但玩法变化多样;在游戏中要让所有参与的玩家感觉不太难又不太易,这些都依赖于游戏规则的制定,也是制定规则的目的。而且有些规则需要对玩家隐藏,让玩家在游戏中逐步去发现,规则的设定让游戏更具魅力和挑战性。

## 5.1 游戏规则要素

在游戏规则的制定中,有一些要素不仅仅针对某一种具体的游戏类型,而是针对大多数游戏类型,具有普遍性,如游戏的空间、时间,游戏的任务目标、平衡性、技能与偶然性,以及游戏的奖励与惩罚等,这些规则被普遍应用,是经长期验证为玩家所关注和感兴趣的,是构成游戏的基本要素。

### 5.1.1 维度与边界

不管是传统游戏的活动场景还是电子游戏的虚拟空间,游戏的发生都需要有一个明确的范围(见图 5-1)。对整个游戏活动空间范围的设定以及游戏中具体行为的空间范围设定,都是游戏规则设定的重要一步。传统棋类游戏中的棋盘、MOBA 游戏中的地图及体育活动中的场地,都向玩家显示了游戏中行为有效的空间范围。从平面的角度看,抽象游戏的空间形态整体上通常可以概括为一个方形、圆形以及不规则的二维空间。

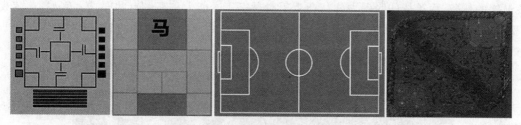

图 5-1 游戏场景示意图

## 5.1.2 公平与平衡

游戏的公平性体现在对于游戏的参与者,没有谁有明显的优势。游戏要通过规则的设置来平衡参与者的能力,以体现游戏的公平性。在游戏《荣耀战魂》(见图 5-2)中,有多个可以选择的角色,但是官方总会在游戏不断更新的过程中对角色进行增强或削弱以达到游戏平衡的目的。在日常生活中,当两位实力相差明显的中国象棋玩家对战时,通常的做法是高者让出几子以求得双方的平衡,以增加游戏的趣味性。大多在线对战电子游戏,都进行了游戏排名对战的设置,让玩家水平处在比较平衡相近的状态,避免实力悬殊而导致的新手挫败感和高手的无聊感,从而增加游戏的乐趣性和竞争性。

图 5-2 《荣耀战魂》游戏

游戏中的公平性也体现在要让技能成为决定胜利的主要元素,玩家凭技能获胜或升级,而不是其他。

## 5.1.3 任务与目标

任务是游戏性的一个核心元素,有任务才有挑战,有挑战才有吸引力。在游戏过程中要实现任务难度的提升、建立多层次的任务挑战以及可选择的任务难度等级等,让玩家明确游戏最终的任务,而挑战的吸引力往往产生于对玩家正常能力稍高一点的要求。例如,在游戏《巫师3》(见图5-3)中,有明确的主线任务与支线任务之分,也有明确的等级和难度提示。

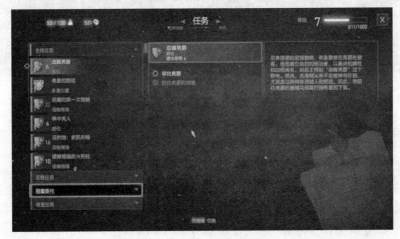

图 5-3 《巫师 3》任务界面

突出游戏的任务和目标,就是要让目标容易理解,目标包括短期目标和长期目标,任务有阶段性任务与最终任务。玩家在完成阶段性任务时,要知道自己的最终任务是什么,明确阶段任务与最终任务的关系。游戏目标要有具体性和可达到的特点,具体性在于让玩家对自己要完成的任务和达到的目标清晰明确;可达到指一般情况下,普通的玩家完成任务大都没有困难。游戏目标和过程的提示要明确,给玩家在游戏过程中的线索。同时,对目标达到后能获得的奖励或不能完成是否会得到惩罚,以及何种奖励与惩罚,也应该清楚。

不同类型的游戏给出的任务挑战不同,游戏中通常的任务挑战主要包括身体协调性、逻辑和数学、时间压力、记忆、探索及经济等方面的内容。在一款具体的游戏中,往往侧重于某一方面的挑战。

### 5.1.4 策略与选择

实际上,大多数游戏都有策略。简单地说,游戏中的策略就是玩家的一些选择和决定对结果的影响,也是游戏规则的内容。游戏中要有优势策略可选择,但也要隐藏优势策略,不要让玩家一开始就发现,否则就让游戏失去了挑战和趣味性,游戏的生命周期可能也就结束了。优势策略包括安全低风险的策略和高风险的策略,选择低风险的方式,获得的相应奖励低;选择高风险的方式,获得高回报的可能性就高。选择不同的策略往往有不同结果,在不同条件下,效果不同,做出正确选择的意义在于使玩家更接近成功。在《刺客信条奥德赛》游戏(见图5-4)中,可以在征服战时选择帮助进攻的一方,虽然更为困难但是成功后的奖励也更好;或者也可以选择帮助防守的一方,这显然更容易,当然奖励也会稍微差一些。

图 5-4　《刺客信条奥德赛》游戏

## 5.1.5　技能与偶然性

在扑克牌等传统游戏中的运气因素,通常作为一个游戏元素进行运用,这就是偶然性,用以增加游戏的吸引力。偶然性实际上是对概率的运用,让玩家对偶然有期望。偶然性表现为随机产生和出现,也是用来平衡游戏的主要元素,如《糖果粉碎传奇》(见图 5-5)游戏中特殊功能糖果的出现、《太空侵略者》游戏中偶然飞过的飞行物以及《捕鱼达人》游戏中黄金鲨鱼的出现等。

图 5-5　《糖果粉碎传奇》游戏

游戏中的技能包括身体技能、脑力技能、真实技能与虚拟技能等,好的游戏是在太简单与太难之间,交替使用技能与偶然性因素,这样能够对玩家的压力进行平衡,使玩家得到休息。要避免游戏过于随机和单调,偶然性因素通常作为改变或调整游戏节奏单调的元素应用。

## 5.1.6　时间长度

游戏中的时间因素,既包括整个游戏的时长(如一个中等水平的玩家,完成游戏中所有任务和挑战所需的时间),也包括对完成具体的阶段性任务,如一局、一关等所需的时间。如果要延长游戏时间,也可以根据游戏的不同而设置不同的延长游戏时间的方式,例如,用隐藏剧情来提高游戏的重复可玩性,或者是增加额外模式,让玩家通关后可以继续玩。著名的时间杀器《文明》系列(见图 5-6)玩上一局耗上七八个小时是非常常见的事。而通常情况下,自由度越高的游戏,越能让核心玩家投入更多时间,例如,在《钢铁雄心 4》游戏中,通过极为自由的选择和操作,使得玩家能够在容量有限的游戏中一遍遍重复体验不同的游戏过程。

图 5-6　《文明 6》游戏

根据 2016 年的统计数据报告显示,在 iOS 和 Android 平台上的游戏玩家平均游戏时长主要集中在 6～11 分钟之间,满足手机用户使用设备的时间碎片化特性,也是作为游戏设计者要考虑的因素。

时间长度的设定因游戏类别的不同而不同,有些游戏并没有明确的时间限制,如一些益智类的游戏,但在正式的比赛活动中,这类游戏都会有时间的规定。具体的游戏特点决定了什么样的时间是合适的,要避免时间过长或者过短。

以《王者荣耀》与《英雄联盟》为例,前者比后者流行度更高。相比而言,《王者荣耀》的基础设定,如游戏地图、基地建筑及 AI 能力等,可以使玩家尽快进入对抗过程。同时,游戏角色成长速度和出装的实时性,也缩短了玩家矛盾激化的间隔。对于普通玩家而言,一般一局游戏的时间更短,可以控制在 15～30 分钟左右,也更适宜于移动互联网的碎片化时间。

而如果在一个更长的发展范围来看,以《魔兽世界》为代表的大型 MMORPG 游戏已逐渐衰退,取而代之的是 MOBA 类游戏,各种"大逃杀"类游戏又逐渐兴起。《魔兽世界》等大型 MMORPG 游戏的核心玩法就是"Raid 副本"(见图 5-7),为了攻略副本,玩家需要前期投入大量时间与精力来提升角色属性、装备及技能,并且需要寻找 5～40 名队友共同参与副本,通关一整套副本所需的时间可能会从 1 小时到数小时不等(版本初期各大公会初次攻略副本可能需要数个月的时间),游戏投入大,回报慢。

而 MOBA 类游戏,以《DOTA》和《英雄联盟》为代表,一场游戏时间可能是 15～60 分钟,并且不需要多少前期准备,而且游戏结束后便可结算奖励与收益,游戏时间短,回报快。

图 5-7 某公会攻略《魔兽世界》副本截图

同样的,以《绝地求生:大逃杀》(见图 5-8)为代表的"大逃杀"类游戏,前期投入几乎为 0,而一场游戏的时长也控制在 20 分钟以内,整局游戏有对抗,紧张而刺激。

图 5-8 《绝地求生:大逃杀》游戏

## 5.1.7 奖励与惩罚

奖励是游戏给人愉悦的要素之一,是对玩家完成游戏任务后的反馈,也是人们乐于玩游戏的原因之一。奖励的方式有多种,可以是声音,如语音上的称赞、音乐等;也可通过视觉的方式奖励,如视觉特效的展示、角色扮演游戏中角色外观的改变等;也包括角色能力的提升、拥有更多的资源,或者是增加得分、延长游戏时间等。

在电子游戏中,奖励给予的方式可以分为确定和不确定两种形式:确定的奖励方式是玩家清楚自己任务完成后获得的奖励,而不确定性的奖励方式是玩家挑战完成后得到的奖励具有不确定性,存在多种可能性,如随机开启宝箱、掷骰子的方式等,带给玩家更多的期待和惊喜。

与奖励对应的是惩罚。潜在的惩罚会提升挑战,激发玩家的积极性,让玩家谨慎地玩游戏,因此大多游戏在设计时会适度考虑惩罚的运用。惩罚的方式通常与奖励方式相反,如缩短玩家游戏时间,甚至直接结束游戏,或者是移除玩家能力、资源耗尽以及分数损失等,通常也通过声音、视觉的方式来体现。但惩罚的使用需要合理平衡,通常是奖励大、惩罚小。在游戏《贪婪洞穴 2》(见图 5-9)中,玩家明明知道继续前进可能会前功尽弃、一无所获,还是不会放弃更好的奖励,冒着巨大的风险继续探索。在游戏《反恐精英:全球行动》中,当作为反恐精英的玩家误伤了人质时,便会直接受到经济惩罚(见图 5-10)。

图 5-9  《贪婪洞穴 2》游戏

图 5-10  《反恐精英:全球行动》游戏

## 5.1.8  难度梯度

如果是对玩家有时间上压力的游戏,即反应、操作上的考验类游戏,在游戏的开始阶段玩家会进展缓慢,再逐渐提速。难度的递增其实是游戏的简单与复杂关系的进度安排,其他增加难度的方式有逐渐增加命中敌人的难度、提高敌人的战斗力等。

遇到难度较大的挑战或困难时,要让玩家有可解决的办法,线索(包括给予提示、提供线索,有时甚至会直接给出答案)能提高兴趣,给予玩家游戏正在进展的感觉。如果游戏会考验玩家的反应速度,那么在游戏刚开始时游戏难度会比较小,这能给玩家适应游戏节奏,在这之后再逐渐提速以增加难度。

以《王者荣耀》为例,相比《星际争霸》《魔兽争霸》《DOTA》及《英雄联盟》等电竞游戏,它的控制方式、装备购买和角色技能释放等操作都做了极大的简化,并增加了游戏内的引导,更加利于新手操作。同时,《王者荣耀》玩法更简单,更容易上手,符合流行游戏作品"易学难于精通"或者说"上手简单,玩法变化多样"这样一个主要特征。该游戏内的角色、技能、装备及地图等设定均不同程度地参照了同样是由腾讯代理的 MOBA 游戏《英雄联盟》(见图 5-11),极大地降低了《英雄联盟》玩家上手《王者荣耀》的难度,迅速地为《王者荣耀》填充了玩家基数。事实上,《王者荣耀》的早期玩家中,有相当一部分是《英雄联盟》的玩家。

图 5-11 《英雄联盟》S8 总决赛画面

## 5.1.9 资源循环

在游戏中,玩家的行为是为了获取更多的资源,但资源获取的意义是什么,如何进行消费和循环,如何来平衡游戏经济体系,即如何赚取金钱以及如何消费所赚取的金钱,这些构成了游戏中的资源循环。很多游戏都存在一个由规则和资源构成的经济系统,如经验值、武器、生命值、技能以及虚拟的金钱和其他物品等进行量化交易,通过规则的制定形成一个经济机制。即使一个简单的小游戏,也可以从它的玩家获取资源与消耗资源的角度来看它的经济系统。如经典的塔防游戏《王国保卫战》(见图 5-12)中,玩家需要花费金币购买防御单位帮助守卫家园,每当这些防御单位击杀敌人又会获得更多的金币来强化自己的防御能力。

美国游戏设计师欧内斯特·亚当斯和乔瑞斯·多曼在《游戏机制——高级游戏设计技术》一书中,指出了经济系统的 4 个功能:来源、消耗器、转换器、交易器。来源就是在游戏中能够产生出新的资源,在手游《部落冲突》中,有金币、圣水和暗黑重油 3 种游戏内建设资源,玩家可以通过自己的资源采集器按时间产出,也可以通过在线掠夺别人获得的资源。消耗器是在游戏中对资源的耗费,如在射击游戏中,对敌人开火,弹药会耗费掉。转换器是玩家将资源从一种形式变为另一种形式,在《植物大战僵尸》游戏中,玩家采集花朵后,变为可以用来进行攻击敌人的武器。而交易器是玩家将一种资源根据交易规则交换为另一种资

图 5-12 《王国保卫战》游戏

源,包括玩家在游戏中获得的虚拟金币可以用来购买道具,而道具又可以用来出售。4 种功能构成了游戏中资源的循环系统。如图 5-13 所示展示了游戏《帝国时代 2 HD》中的资源系统,左上角为玩家采集、收集和生产的各种资源,左下角为市场中各种资源之间转换的价格。

图 5-13 《帝国时代 2 HD》游戏

## 5.1.10 数学公式表达

游戏规则体现在数值上,要转化为能被算法实现的符号和数字模型。游戏规则实现的公式,是在一个游戏进行过程中,针对某种行为需要的计算方法。相对于设计者,公式的合理性是判断游戏好坏的重要评测标准之一。

例如,攻击方的攻击力是 20,防御方的防御力是 15。一次攻击造成的消耗是多少呢?根据加减法,即:攻击力-防御力=HP 损失,结果为 20-15=5。同样的攻防数据,因在不同的公式中,程度却有差异。例如,在大家熟悉的卡牌游戏《炉石传说》中,每张卡牌都有在使用时的消耗情况。但实际上,为了增加游戏的不确定性,更多的设计并不是简单的加减计算,而是通过设计其他的函数来实现。

## 5.2　其他游戏规则

除以上在游戏中常见的规则外,还有一些规则在特殊类别的游戏中也多有应用,下面分别讲解,以帮助读者加深对这类游戏的理解。

### 5.2.1　零和博弈与非零和博弈

在一场比赛中,如果赢家的获得和输家的损失是完全一致的,即输赢完全相抵,这就是一场零和博弈,如果不能相抵,就是非零和博弈。就像在石头、剪刀、布的游戏中,除平局外,也算是一个零和游戏,因为一方绝对会赢,一方绝对会输。零和游戏是非对称游戏中的一种,《炉石传说》(见图 5-14)是一个典型的零和博弈游戏,在天梯模式中,获胜方会获得一颗胜利之星,胜利之星会提升玩家天梯等级,对应的,落败方则会扣掉一颗胜利之星。

图 5-14　《炉石传说》游戏

非零和博弈中有一个著名的枪手博弈,甲、乙、丙 3 个枪手准备决斗,甲枪法最好,十发八中;乙枪法次之,十发六中;丙枪法最差,十发四中。若 3 人同时开枪,且每人只发一枪,第一轮枪战后,谁活下来的机会大一些? 对于甲来说,对他威胁最大的是乙,他要对乙开枪。对于乙来说,对他威胁最大的是甲,他要对甲开枪。因此,丙活下来的机会最大。在《猎杀:对决》(见图 5-15)游戏中,玩家扮演赏金猎人去猎杀目标怪物,同时会有其他玩家扮演赏金猎人,玩家可以选择合作,共同猎杀强力的 Boss,也可以选择干掉竞争对手,然后自己独自击杀 Boss,拿走丰厚奖励。换言之,玩家之间的利害关系并不是绝对的。

简单地说,零和与非零和可以用来思考游戏中整体资源的设计,如果整体资源是确定的,用户甲获得的多,乙就会减少,这就是零和思想。相反,如果一些用户获得的多少,并不影响其他用户,这就是非零和思想。

图 5-15　《猎杀:对决》游戏

### 5.2.2　正反馈与负反馈

一般情况下,在游戏中拥有较多优势资源的一方,往往也更容易继续获得优势资源,再用拥有的资源去获取资源,如此循环,可能与对手的差距也越来越大,并在游戏中最终获胜。例如,在《植物大战僵尸》中,当拥有较多的武器时,就能更有利地攻击敌人,阻止敌人进攻。《大富翁》游戏也是如此,游戏进行到一定程度,当资源优势明显时,也就越来越处于垄断地位,更容易获得资源,这也是这款游戏最初叫作《垄断》的原因。在 MOBA 游戏《英雄联盟》中,击杀敌方英雄后,短时间内会获得一定的经济与战术优势,玩家把这种正反馈称为"滚雪球"。游戏中第一次击杀叫作"第一滴血",拥有额外的金币奖励,也就意味着更加强大的"滚雪球"效应。

另一种相反的情况则是,当玩家在挑战中获胜时,减掉一些资源,就更可能与对手平衡,减少与对手的差距。就如生态系统中的食物链一样,当蛇的数量增加时,老鼠的数量就减少,老鼠数量减少,鹰的数量就减少,当鹰的数量减少时,田鼠的数量就开始增加,始终保持一种循环,达到一种平衡状态。欧内斯特·亚当斯和乔瑞斯·多曼在《游戏机制——高级游戏设计技术》一书中,将这种循环称为反馈循环,并将它分为正反馈循环和负反馈循环两类。在《马里奥赛车》游戏(见图 5-16)中,落后的玩家有更高概率获得强有力的道具,领先的玩家容易成为众矢之的,遭到大量后续玩家的攻击,这样的设计更容易保持比赛的胶着状态,符合这一款合家欢游戏的定位。

### 5.2.3　免费增值

免费增值既是一种商业模式,更是一种设计规则,美国知名设计师 Wendy Despain 将它列为游戏设计的 100 个重要原理之一,同时,它也是 19 世纪一个流行的经济学原理。

2006 年之前,游戏的销售方式主要是通过商店发售,之后出现的一种新的收费模式,称为免费增值,就是先免费提供服务,迅速获得大量用户后,再提供增值的附加服务,如为一些道具付费等。

图 5-16 《马里奥赛车》游戏

　　这种商业模式的变化对游戏行业的发展产生了重要影响。例如，一款游戏的潜在玩家，大致可以分为有充裕的时间但没有付费能力的、没有时间但付费能力强的以及付费能力有限的和时间有限的等几类。作为游戏开发者，大都希望在游戏设计上做到能适度兼顾这几类玩家，可以让一个月只能付费 10 元的玩家和一个月可以付费 100 元的玩家都能够得到他们想要的服务。按照消费者剩余理论，如果一个玩家本身有一个月支付 100 元的能力和意愿，却只让他一次性支付 5 元就永久免费，实际上是一种损失，也是一种不公平。在第一人称射击网游《穿越火线》（见图 5-17）中，游戏本身不用玩家购买，注册登录也用的是免费的 QQ 号，游戏内有单独的商城以供玩家购买枪支、皮肤及角色等虚拟道具，这就是一个典型的免费增值游戏代表。

图 5-17 《穿越火线》游戏

### 5.2.4　稀有资源

　　在大家熟悉的扑克游戏中，"鬼"牌只有两张，但往往被定义为特殊的功能，这就增加了游戏的复杂性和乐趣,为游戏带来更多的变化。在有的扑克牌游戏中,甚至还加上了那张备用花牌,而且赋予它更多的意义和功能,让它成为一张具有魔法功能的神卡。实际上,这种设计思想在很多游戏中都有体现,这种"鬼"牌就是一种具有特殊意义的稀有资源。因为稀有,所以价值更大,也使玩家在获得和使用稀有资源的过程中有更多的变化和乐趣。如《Warframe》游戏中的一种资源叫内融核心,用于提升 Mod 等级,同时有一个名为"传说核心"的稀有资源,可以直接提升 Mod 至满级且不消耗现金。

## 思考与练习

1. 结合一款具体的游戏思考,如果去掉游戏规则,这款游戏会如何?如果去掉游戏目标,又会如何?

2. 将五子棋设计为 3 种难度。

3. 修改德州扑克或其他某一款游戏,使其不再主要依赖于运气。

## 参考文献

[1] Anna Anthropy,Naomi Clark. 游戏设计要则探秘[M]. 李福东,曾浩,译. 北京:电子工业出版社,2015.

[2] Jesse Schell. 游戏设计艺术[M]. 刘嘉俊,陈闻,陆佳琪,等译. 北京:电子工业出版社,2016.

[3] Wendy Despain. 游戏设计的 100 个原理[M]. 肖心怡,译. 北京:人民邮电出版社,2015.

[4] Ernest Adams,Joris Dormans. 游戏机制——高级游戏设计技术[M]. 石曦,译. 北京:人民邮电出版社,2014.

[5] Katie Salen Tekinbas,Eric Zimmerman. Rules of Play:Game Design Funda mentals[M]. The MIT Press,2003.

### 第 6 章

# 游 戏 关 卡

本章从关卡的角度理解游戏,介绍了关卡在游戏中的作用和意义、关卡的要素以及关卡设计的一般规则。

## 6.1 什么是游戏关卡

当玩不同类型游戏时,我们通常会用不同的词汇来表述游戏的进程,如玩《纪念碑谷》玩到了第 5 章、玩剪绳子游戏玩到了第 3 节、在跳一跳游戏中打到了 1000 分,以及把某角色升到某一级等,都表达了相似的内容,这些描述就是通常所说的游戏关卡。在不同的游戏类型中,关卡的表述则有不同(见图 6-1)。

图 6-1 不同类型游戏中关卡的意义

通过以上这些表述,可以将游戏关卡理解为游戏发生的环境和地理位置,或者用来描述由基于特定游戏体验的物理空间分割而成的单元,用来量化玩家所取得进展的单位,以及基于玩家的得分、经验或技能而进行的排行。关卡这个词有多重定义,已经约定俗成,就像通常使用的冒险这个词一样,冒险游戏不一定冒险。

游戏中的"关卡"一词,英语是 level,是水平、级别及程度的意思,而通关则是 level up,有升级、提高及上升的意思。英文的通关对这一意义表达得更明确,描述游戏关卡,同时也意味着游戏进程中会有难度的提升和等级的升高。在中文语境中,通常所说的"一夫当关,万夫莫开",也体现出了关卡的难度和挑战的意味。

简单地讲,游戏关卡就是游戏空间环境和任务挑战的集合。在游戏中,玩家都会有一个对游戏结果的期望和为了达到这个结果而付出的努力,即有一个总的目标,在游戏的不同阶段也会有阶段的目标和任务,这些任务与所处的场景,就是关卡。从游戏设计的角度,关卡就是构建游戏的空间和环境,即设计好场景和物品,确定好目标任务,提供给玩家(游戏人物)一个活动的舞台。

在电子游戏的早期阶段,游戏在一个固定的场景进行,如《双人网球》《打乒乓》《打砖块》《吃豆人》等,后来开始变换场景,如《大金刚》,再到后来出现卷轴的画面,场景可以左右或上下移动。二维游戏的关卡简单,横卷轴或者纵卷轴形式的界面设计里,敌人都是在一定时间从一定地方出来。进入三维时代后,关卡复杂度增加,游戏对玩家要求提高。到了20世纪90年代,三维射击游戏流行,玩家可向四面八方走,人工智能的应用也随之提升,关卡设计复杂度进一步增大,带给玩家的乐趣体验也更丰富。

# 6.2　关卡的类型

根据游戏空间场景和任务挑战的不同,可以对关卡进行不同类型的划分。整体上,游戏关卡可以分为线形关卡和非线形关卡。线形关卡中,通常玩家对任务与空间不可选,没有自由度,只能从头到尾按照设计好的顺序,不能自己选择完成任务的先后顺序。而非线形关卡的游戏,玩家对任务可选,灵活性较大,往往是有分支且分支可能导向不同的方向,甚至要求玩家到达多个目的地去完成任务。因此,从设计的角度看,非线形关卡困难得多。

另外,从任务挑战的难易程度以及游戏的进程等角度,游戏关卡还可以分为新手关卡、标准关卡、Boss关卡和额外关卡4种。

## 6.2.1　新手关卡

如果游戏界面较复杂,或者游戏规则有一定难度时,玩家通常需有一个适应的过程。根据游戏的特点,将早期关卡设计为新手关卡或训练关卡,通过介绍相关信息让玩家了解基本规则。新手关卡通常使用一些直观明了的方式,如解释性文本或当角色指到某些用户界面元素时,用箭头指向它们或者用彩色凸显,例如,《糖果粉碎传奇》游戏中的新手关卡(见图6-2)。新手关卡尽量不要对过关失败进行惩罚,玩家可返回并多次尝试,也不要让玩家立即使用所有功能。同时,让新手关卡可选,以满足不同层次玩家需求。

## 6.2.2　标准关卡

游戏的一个标准关卡体现了一款游戏的核心玩法,通过标准关卡任务挑战难易程度的设置,形成不同的关卡和游戏进程。通常所说的一个游戏DEMO(demonstration的缩写),就是实现游戏的核心玩法,也就是实现它的一个标准关卡,能够体现游戏的美术风格、规则与创意。

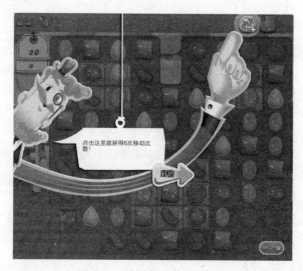

图 6-2　《糖果粉碎传奇》游戏

### 6.2.3　Boss 关卡

在传统角色扮演游戏中,最终的、往往也是最难的关卡成了一款游戏的 Boss 关卡,它带给玩家终极挑战。随着游戏行业的发展,Boss 关卡不仅仅指最终 Boss,一个阶段末尾的强力敌人也算作 Boss 关卡。Boss 关卡也并非仅限于角色扮演游戏中与强力敌人战斗,一场较普通关卡更复杂的解谜,或一场紧张刺激的逃脱都可以 Boss 关卡的形式出现,如《黑暗之魂 3》游戏的最终 Boss 战斗(见图 6-3)。

图 6-3　《黑暗之魂 3》游戏

### 6.2.4　额外关卡

此外,在游戏进程的主线之外,有时会设置一些额外的挑战,或作为奖励性的任务给玩家,这就是额外关卡,包括通常说的奖励关卡和隐藏关卡等,如之前的一些大型网络游戏中的副本,在一些休闲小游戏中,也有类似的设计,如《苏打粉碎传奇》以及《捕鱼达人》游戏等。

通常,奖励关卡允许玩家收集额外的分数或类似金币一类的物品。奖励关卡中要么没有敌人或危险,要么将被敌人或危险击中的普通惩罚替换为直接被扔出奖励关卡的惩罚。玩家必须满足某些特定条件才能进入奖励关卡,有时,它们也会在玩家完成一定数量的常规关卡后出现,如《天天酷跑》游戏中的奖励关卡,如图6-4所示。与大多数常规关卡不同,奖励关卡通常不需要达成目标才能继续。在一个常规关卡中,玩家可能耗尽生命或失败,这时则需要玩家重新尝试关卡。而当玩家开始一个奖励关卡时,他们不会因为过关失败而重新开始游戏。

图 6-4　《天天酷跑》游戏奖励关卡

由于奖励关卡往往较短,玩家不可能像常规关卡那样,在整个过程中练习和完善自己的技术,而常规关卡则允许或要求玩家在失败时进行更多尝试。在一些游戏中,奖励关卡有着完全不同于游戏其余部分的界面和游戏模式,就像《超级马里奥兄弟 2》中的老虎机奖励阶段。有的游戏奖励关卡使用了与游戏其余部分相同的游戏模式,如《街头霸王 2》的砸车奖励关卡,又如《超级猴子球》的奖励关卡,玩家通过收集香蕉来赚取额外的分数和生命。

隐藏关卡往往是独立于游戏流程之外,不影响游戏主线推进的关卡。玩家需要以某种方式激活或发现隐藏关卡,如一些看起来似乎走不通的道路其实可以直接走,或攻击使其现形,它大多数时候是一个用作收集的道具或游戏中的消耗品,有时也提供一些额外的剧情彩蛋,甚至隐藏关卡中强力的敌人或 Boss,如《炉石传说》中的隐藏关卡,如图 6-5 所示。总的来说,隐藏关卡是给探索类型玩家准备的惊喜,让玩家能够在探索游戏世界时没有白跑一趟的失落感,而隐藏的强力 Boss 则是为那些硬核玩家准备的挑战。

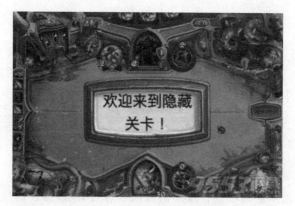

图 6-5 《炉石传说》中的隐藏关卡

# 6.3 关卡布局

关卡是游戏的重要组成部分，游戏的节奏、难度等都要靠关卡的设计来实现。游戏关卡可以理解为任务与场景的结合，根据 Ernest Adams 的观点，游戏关卡的布局大致可以分为开放式布局、线形布局、平行布局、环形布局、网络布局、星形布局和组合布局。下面分别进行介绍。

## 6.3.1 开放式布局

开放式布局是指任务与挑战在一个确定的空间展开，在这个场景中，玩家可以自由探索（见图 6-6(a)）。在开放式布局游戏《热血无赖》中，游戏玩家可以在城市中自由行动（见图 6-6(b)），地图上各种不同的图标代表着不同类型的任务，包括主线、支线与赏金任务等（见图 6-6(c)）。

(a) 开放式布局示意　　(b)《热血无赖》地图任务标示　　(c)《热血无赖》任务

图 6-6 开放式布局

### 6.3.2　线形布局

　　线形布局中,任务与场景呈线形发展,在一个确定的空间中完成确定的任务,再进入下一场景的挑战(见图 6-7),这种方式也适合于故事讲述,尤其在早期的游戏中较常见,但在现在的游戏故事讲述中,已习惯于增加分支。

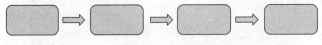

图 6-7　线形布局

　　线形布局是指玩家不能自己选择按照何种顺序进行游戏,全程都是事先安排好的,游戏关卡流程是一条直线,没有分支,玩家从头至尾一直沿着设计者指定的路径前行,不能选择自己移动的地点,也不能选择完成任务的先后顺序。

　　每个玩家进行线形关卡获得的体验近乎相同,但是线形关卡对于推进游戏的进程和故事的发展是不可缺少的,无论是从设计者的角度还是玩家的角度来看,这类关卡还是富有乐趣。从策划者的角度来看,线形游戏进程能够使设计者掌控玩家每一步的体验,对于关卡来说,这是一个很大的优点。

　　通常,把游戏前期的关卡设计成线形的,是很合理的。这是因为部分前期游戏关卡是以教学关卡为主,重点是让玩家体验游戏的规则、艺术风格等,线形设计的关卡能够让玩家很快地深入体验游戏玩法。例如早期的经典电子游戏《超级马里奥兄弟》(见图 6-8),采用横板卷轴式设计,玩家出生于地图最左侧,需要克服重重困难到达地图最右侧旗帜处。玩家没有分支路径可选择,只有一条主线关卡。

图 6-8　《超级马里奥兄弟》游戏

### 6.3.3　平行布局

关卡的平行布局意味着游戏进程中的某些阶段,玩家会面临多个选择,每一选择会有不同的任务,且每一选择又有多个分支,但开始和最终结局可能只有一个,即游戏的开头和结尾只有一个,中间有多个可能性(见图 6-9(a))。

《死亡细胞》游戏中,玩家可以自由选择游戏路线,但是最后都会汇成一条线挑战最终Boss,这就是平行布局的体现(见图 6-9(b))。

(a) 平行布局示意图　　　　　　(b)《死亡细胞》游戏地图结构

图 6-9　平行布局

### 6.3.4　环形布局

环形布局通常是在一个类似于环形的空间进行挑战,多用于竞速游戏,尤其是赛车等游戏形式,其示意图如图 6-10(a)所示。环形布局中,可能存在捷径,如《跑跑卡丁车》游戏里的赛道,可以看出赛道空间都呈现一种环形布局,如图 6-10(b)所示。

(a) 环形布局示意图　　　　　　(b)《跑跑卡丁车》游戏

图 6-10　环形布局

### 6.3.5　网络布局

网络布局是指在游戏进程中,不同的场景可以任意连通,从一个场景到达任意一个场景,进行自由探索(见图 6-11)。因此,这种网络布局关卡的游戏不适合用于故事讲述。

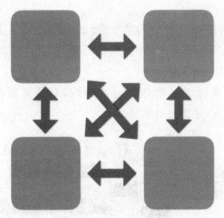

图 6-11　网络布局

## 6.3.6　星形布局

星形布局的关卡,玩家在同一个地点出发,去完成任务后,返回原点,再出发去另一场景完成新的任务挑战(见图 6-12(a))。

原点就是连接其他所有关卡的枢纽区域,枢纽区域和其他关卡不同,这个区域往往是一个安全区的形式,在这个区域,没有敌人或者敌人不会攻击玩家。《暗黑破坏神 3》中的传送点及营地如图 6-12(b)和图 6-12(c)所示。营地作为连接关卡之间的枢纽区域,在这里玩家可以与各种 NPC 进行交易,接取任务,强化升级。营地与关卡之间通过营地边上的传送点连接,玩家完成关卡副本挑战后又会回到营地来。

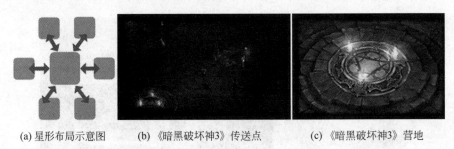

(a) 星形布局示意图　　　(b)《暗黑破坏神3》传送点　　　(c)《暗黑破坏神3》营地

图 6-12　星形布局

## 6.3.7　组合布局

此外,还存在其他一些布局形式,如综合其他两种或几种以上的布局形式,进行组合,包括在线性布局的基础上或在游戏进程的某个阶段加入另一种布局,在有主线的故事讲述中有子情节,这种形式叫组合布局,如图 6-13 所示。

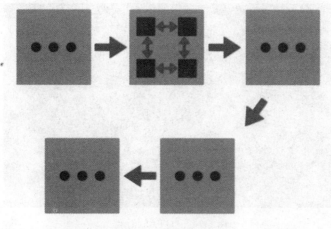

图 6-13　组合布局

# 6.4　关卡要素

关卡的基本内容可以理解为关卡的美学意境,即视觉艺术和音效等,加上任务和挑战的结合。视觉部分主要包括游戏发生的场景、游戏角色、游戏道具以及游戏的 UI(User Interface,用户界面)等。任务挑战部分包括关卡的初始条件;玩家将在关卡内遇到的挑战集合,即玩家的任务;关卡的终止条件,完成什么样的任务算通关;什么是失败,给予玩家需要达到的目标。

## 6.4.1　空间

使用空间来讲故事已经是游戏常用的方式。空间是关卡最重要的组成部分,指室内或室外空间以及建筑和地貌,或抽象平面空间,玩家在其中活动,完成任务。整体布局用于确定主要的挑战区域、玩家开始和结束的位置、NPC 的位置以及特殊的区域位置,如秘密区域、提供线索的具体点等。《GTA5》游戏中虚构的城市"洛圣都",是基于现实中的美国洛杉矶以及加州南部制作的,面积大约有 252 平方千米,空间之大堪称游戏史之最,如图 6-14 所示。

关卡是一个限定的空间,有形状和边界。部分边界可以是关卡之间相连的纽带,边界起到了限制关卡中玩家活动范围的作用,如"空气墙"就是一种边界。需要注意的是,边界不一定是固定不变的,如玩家打开操纵杆,升起了一道闸门,此时关卡的范围就发生了变化。在策略游戏《魔兽争霸3》游戏中,玩家控制的单位无法直接穿过树林,但是玩家可以砍伐这些树木作为木材资源,同时玩家便可以穿过这些区域了,如图 6-15 所示。

图 6-14 《GTA5》游戏

图 6-15 《魔兽争霸 3》游戏

Jesse Schell 将游戏中的空间分为了下面几种形式。

（1）线形：线形空间模式就是在游戏中玩家只能沿着一条线向前和向后，可能有两个端点，也有可能循环。这类空间的处理体现在很多游戏中，如《大富翁》和《超级马里奥兄弟》等。

（2）网格：就是将游戏中的空间分为网格，成为网格的基本形状可以是方形，也可以是其他形状，如三角形、圆及六边形等，如《象棋》《塞尔达的传说》等。

（3）网状：这种空间模式是在地图上有几个点，同时用路径将这些点连起来，玩家可以通过不同的路径到达不同的点，如《棋盘问答》《魔域》及《奇妙企鹅部落》等。

（4）空间中的点：这种空间模式通常用于角色扮演游戏（角色常常在完成任务后要回到原点），也用于需要玩家自定义空间的游戏，如《最终幻想》等。

（5）分割的空间：将游戏中的空间分割为不同的部分，是一种接近于真实地图的空间模式，如《冒险》《孢子》及《塞尔达传说——时间之笛》等。

## 6.4.2　初始条件

　　关卡的初始条件,就是当游戏开始时,敌人在关卡中出现的位置,各种物品(如武器、道具)以及角色初始值等的安排和布置,也包括敌人出现的次序、频率、时间,初始条件决定了游戏节奏和玩家手感。经典电子游戏《吃豆人》(见图 6-16)中,敌人刷新位置、玩家初始位置和各种大小豆子的位置都是固定的。初始条件应该给玩家提供一个易于理解的子目标,玩家每完成一个子目标应给玩家奖励。

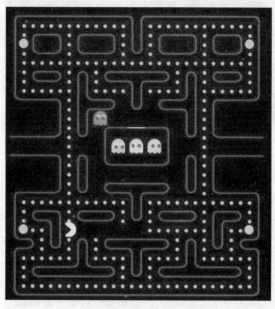

图 6-16　《吃豆人》游戏

　　关卡中可设置一些明显标志,以方便玩家游历;路标可以是游戏中任何独特而显眼的东西,通过色彩、材质、形状或光线等的对比突出显示。避免概念上不合逻辑、不合理地安排敌人;善用任务提示,应该让玩家清楚哪些地方可以通过;可以用材质贴图的方法来告诉玩家这些不同的情况,以明确目标导向。

## 6.4.3　结束条件

　　关卡的结束条件包括通关失败和通关成功两种情况。例如玩家完成哪些任务可以通关,是需要完成全部任务还是部分任务,哪种情况下是通关失败,通关后给予玩家的奖励是什么,通关失败给玩家的反馈是什么,都属于关卡的结束条件。《超级马里奥》(见图 6-17)中玩家触碰到旗帜即视为过关,这就是除 Boss 关卡外的前几个关卡的过关目标。手机跑酷游戏《神庙逃亡 2》中,玩家扮演盗宝探险家逃离怪兽的追杀,失足摔下悬崖,被怪兽追上,被形式多样的机关杀死都会导致游戏结束。

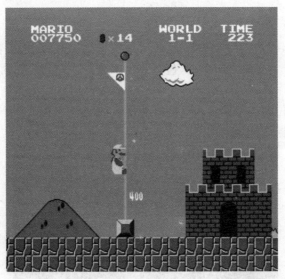

图 6-17 《超级马里奥》游戏过关目标

### 6.4.4 任务

一个关卡至少有一个目标,即希望玩家通过此关卡达成的任务。目标可有子目标,子目标之间可以是串联或并联关系。目标应明确简单,且和整个游戏总目标形成渐近从属关系,通过奖励玩家对完成任务付出的技能、想象力和智力,实现多种难度任务的设置。

如果要让游戏尽可能满足不同水平的玩家,通常的做法是把任务设计成多个难度等级,如简单、一般和困难 3 个等级,这是一些益智游戏的通常做法。在其他游戏中,对于玩家的任务挑战,也可以给予难度等级的选择。不要有无法解脱的环节,尽量安排多种通关条件。

好的关卡任务会让玩家选择完成目标的方法,关卡要玩家达成任务。一般闯关游戏用三颗星表示额外目标,RPG 游戏中额外目标常体现为一些特殊成就或一些限定收集物。如图 6-18 所示为手机休闲游戏《开心消消乐》中玩家完成额外挑战,达成三星过关评价。

实现关卡任务时的节奏多样化,可通过增加动词(跳跃、打斗、收集、攀爬、飞行及潜行等),如 Mario 的跳跃、蜘蛛侠的爬上爬下及雷曼的直升机式浮空等米实现。另外,可以通过增加动词对象、增加目标实现方式、增加角色等,丰富移动效果,让玩家在完成任务的过程中有更丰富的体验。

### 6.4.5 美学风格

关卡的美学风格是给用户一个整体的视听感受,包括视觉方面的,如选择什么样的色调、造型特点、地形设计、材质绘制、光影效果及色彩配置组合等,还包括声音方面的内容,如音乐、角色的对话、反馈的音效及模拟的各类声音等,声音的风格与游戏整体的美学风格一

图 6-18　《开心消消乐》游戏

致。在 Steam(游戏平台)上以画风闻名的《GRIS》游戏如图 6-19 所示,整体采用唯美的水彩画风格,几乎每一帧都可以当作壁纸,音乐也偏柔和,与画面相映生辉。

图 6-19　《GRIS》游戏

**思考与练习**

1. 如何理解游戏关卡的概念?
2. 画出自己熟悉的多款游戏的关卡布局,分析它们的异同点。

## 参考文献

[1] Scott Rogers. 通关！游戏设计之道[M]. 高济润, 孙懿, 译. 北京：人民邮电出版社：2015.

[2] 亚当斯. 游戏设计基础[M]. 王鹏杰, 董西广, 霍建同, 译. 北京：机械工业出版社, 2010.

[3] Phil Co. 游戏关卡设计[M]. 姚晓光, 孙泱, 译. 北京：机械工业出版社, 2007.

[4] 大野功二. 游戏设计的 236 个技巧[M]. 支鹏浩, 译. 北京：人民邮电出版社, 2015.

### 第 7 章

# 游 戏 类 别

本章基于游戏作品所呈现的特征,进行主要类别的划分,阐释每一类别的主要特点和核心元素,有利于加深读者对游戏的认识和理解。

当玩赛车游戏和卡牌游戏时,会知道这是两类完全不同的游戏类型,玩家在游戏中面对的任务和挑战不同,获得的体验也完全不同。喜欢玩《蜘蛛纸牌》的玩家可能与喜欢玩《英雄联盟》游戏的玩家是不同的人群;喜欢在玩游戏时长时间思考的人,可能对快节奏反应的游戏并不感兴趣。因此,不同的游戏呈现出不同的特点,根据游戏的内容和特点,可以对游戏进行类别的划分,如基于思维的游戏、基于社交的游戏以及基于动作的游戏等,以便加深对某一类游戏核心要素的理解和主要特征的认识。

从不同的角度来看,游戏可以进行多个维度的分类。可按游戏设备分类、按游戏形式分类、按游戏内容进行分类等。如果进一步细化,有时甚至可以用一个动词来概括某一类游戏的特点并进行分类,如格斗、抓、跑、飞及接等。

现在也有按照游戏本身大小进行大致分类的,如小游戏(轻度游戏)、中度游戏和重度游戏。对游戏进行轻度、中度、重度的划分,目前并没有一个统一的标准。有的是基于玩家在游戏中平均花费的时间,有的是基于玩家在一款游戏的付费,还有的是基于游戏的开发成本。

分类有时也有交叉和重叠的现象,且有时某一款游戏可能有 A 类游戏的特点,同时也具有 B 类游戏的特点,或者同时具有几种游戏的要素,有时甚至无法明确地划入某一类。如果一款新游戏足够优秀,也可能以此为标准,成为一种新的游戏类别。现在根据不同的标准,存在多种游戏类别的划分。在日常生活中,更是有大量被玩家用来表述游戏类别的名称。正式的分类可以借鉴美国国际电子娱乐峰会(The Electronic Entertainment Expo,E3)以及游戏奖(The Game Awards,TGA)所设置的奖项作为参考,近几年评选游戏类别的奖项主要如表 7-1 所示。

**表 7-1　E3 与 TGA 主要游戏类别奖项**

| | | |
|---|---|---|
| 最佳动作冒险类游戏 | 最佳格斗游戏 | 最佳音乐游戏 |
| 最佳解谜游戏 | 最佳竞速游戏 | 最佳角色扮演游戏 |
| 最佳第一人称射击游戏 | 最佳体育游戏 | 最佳赛车游戏 |
| 最佳策略游戏 | 最佳动作游戏 | 最佳冒险游戏 |
| 最佳家庭/社交游戏 | 最佳多人在线游戏 | 最佳独立游戏 |

# 7.1　动作游戏

　　动作游戏（Action Game，ACT）主要指在游戏过程中依靠玩家反应来控制游戏中角色的游戏，它提供给玩家一个训练手眼协调及反应力的环境与功能。玩家根据周围情况变化做出动作反应，如移动、跳跃、攻击、躲避及防守等，来达到游戏所要求的目的。动作游戏的主要要素就是动作，归纳起来，具体包括跳跃、控制和移动等物理机制，如动作游戏《超级马里奥》（见图 7-1）。

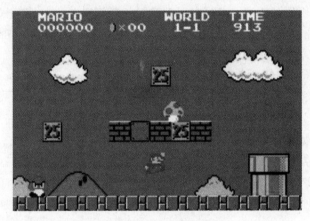

图 7-1　动作游戏《超级马里奥》

　　动作游戏多以身体的协调性和操作的协调性作为要求，游戏中的挑战对玩家手、眼、脑的配合程度要求高。射击、平台、格斗、快速益智、动作冒险、跳舞和节奏等游戏，都可以称为动作游戏，或动作游戏的子类。

# 7.2　射击游戏

　　射击游戏（Shooter Game，STG）具有一些明显的动作游戏特征，因此又称为动作游戏的子类。为了和一般动作游戏区分，强调只有利用"射击"途径才能完成目标的游戏才会被称为射击游戏。射击游戏的核心机制包括生命值、射程、精度、防守躲避和转向速度等。射击游戏的主要特征包括前进、挑战、障碍、危险，以及成批次敌人、大 Boss 和玩家动作等。

最初电子游戏中的射击游戏都是 2D 的,如《太空侵略者》《魂斗罗》和《雷电》系列(见图 7-2)等。后来流行的"第一人称射击游戏"和"第三人称射击游戏"并不是射击游戏的基础形态。

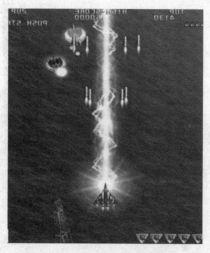

图 7-2　2D 射击游戏《雷电》

## 7.2.1　第一人称射击游戏

第一人称射击游戏(First-Person Shooter Game,FPS),严格来说属于动作类游戏的一个分支,但和即时战略类游戏一样,由于其在世界上的迅速风靡,发展成了一个单独的类型。

第一人称射击游戏,是以玩家的视角进行的射击游戏,身临其境地体验游戏带来的视觉冲击能大大增强游戏的主动性和真实感。早期第一人称游戏几乎都是简单快捷的游戏节奏,而随着游戏硬件的逐步完善,以及各种游戏的不断结合,第一人称射击类游戏也渐渐提供了更加丰富的剧情、精美的画面和生动的音效。FPS 游戏中优秀的作品数不胜数,如最为经典的《反恐精英》(见图 7-3)、《半条命》系列及《使命召唤》系列等。

图 7-3　《反恐精英》游戏

### 7.2.2 第三人称射击游戏

第三人称射击游戏(Third-Person Shooter,TPS)是射击游戏的一种,与第一人称射击游戏的区别在于:第一人称射击游戏里屏幕上显示的只有主角的视野,而第三人称射击游戏更加强调动作感,在游戏中,玩家能直接看到游戏里的角色,这样更有利于观察角色的受伤情况和周围事物。相比于第一人称直观的游戏体验,第三人称射击游戏的优势在于可以实现动作和枪战的完美结合,可以观察到第一人称看不见的一些地方,如《合金装备》系列、《战争机器》系列(见图 7-4)及《Warframe》等游戏都采用第三人称视角来强调人物动作。

图 7-4 《战争机器》游戏

## 7.3 格斗游戏

格斗游戏(Fight Technology Game,FTG)是动作游戏的另一种主要形式。通常,玩家分为两个或多个阵营作战,通过使用格斗技巧击败对手获取胜利。除了主要通过拳脚的动作进行游戏的挑战外,也有一些使用兵器进行挑战。格斗游戏从游戏地图的角度可以分为2D 和 3D 两种形式,3D 是指地图三维空间的形式,因为视觉会转换,游戏人物可以上、下、左、右、前、后自由移动,2D 游戏中人物运动的自由度就会受到一定限制。

格斗游戏的主要代表作有《街头霸王》系列、《龙珠》系列、《VR 战士》系列、《铁拳》系列和《拳皇》系列(见图 7-5)等。

图 7-5  格斗游戏《拳皇》

## 7.4  策略游戏

策略游戏(Strategy Game,STG)是世界上最古老的游戏形式之一,如传统游戏中的中国象棋、围棋以及国际象棋都属于策略游戏,现代电子策略游戏和传统策略游戏的思想一致,只是更复杂、更有趣。

策略游戏中大多数是策略冲突的挑战。游戏提供给玩家一个可以动脑筋思考问题来处理较复杂事情的环境,玩家自由控制、管理和使用游戏中的人、事、物来达到游戏所要求的目标,是一种以取得各种形式胜利为主题的游戏。

策略游戏本身的含义非常广泛,大多数益智游戏都含有策略思想。策略游戏所包含的"策略"一般都较为复杂,每一款策略游戏都不单单是为了"益智",战术分布、心理战及机会利用都是策略游戏注重表现的。"策略"与"战略"本身是两个不同含义的词汇,但作为游戏类别的名称,策略游戏也称为战略游戏,习惯性称谓上,两者并没有明确的划分。

策略游戏的题材一般都是在一种战争状态下,玩家扮演一位统治者,来管理国家、击败敌人。策略游戏的核心元素体现在其经济系统上,包括资源的采集、单位的构建和升级等,在战术上则体现为获得进攻的优势而对资源的调动。策略游戏可分为回合制和即时制两种,下面分别进行介绍。

### 7.4.1 回合制策略游戏

回合制策略游戏(Turn-Based Strategy Game)是指所有的玩家轮流进行自己的回合,只有自己的回合,才能够进行操纵。回合制起源于桌面游戏,如战棋、象棋等,轮到自己下子时,对方不能动,如欧美的魔幻风回合制游戏《英雄无敌》(见图 7-6)系列等。

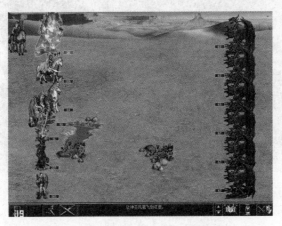

图 7-6　回合制策略游戏《英雄无敌》

回合制策略游戏适合轻度游戏玩家,能使玩家更轻松地选择人物行动和布置策略,电脑的人工智能处于静止状态,而即时制策略游戏在玩家采取行动的过程中,电脑也在采取行动,需要玩家有良好的操控和敏捷的反应。

### 7.4.2 即时制策略游戏

即时制策略游戏(Real-Time Strategy,RTS)提供一个复杂的背景以及大量的工具、人物、生物等给玩家控制,玩家组织并指挥这些要素进行生产、作战,以完成任务。即时制策略不仅要求战斗是即时的,对于采集、建造和发展等战略元素的应用也是即时的。如《魔兽》《帝国时代》《红色警报》和《星际争霸 2》(见图 7-7)等,是在真实时间进行策略的一种游戏,这也是即时策略游戏的原意。因此,即时制策略游戏对玩家的考验更大,如全局观点以及各种元素的合理搭配等。

1989 年发行在 Sega Mega Drive/Genesis 游戏机上的《Herzog Zwei》算是最早拥有所有即时策略必要元素的游戏。以策略为主要要素的游戏在其发展过程中,逐渐形成了策略游戏的特点,这些特点被概括为 4X 模式,即探索(Explore)、扩张(Expand)、开发(Exploit)、消灭(Exterminate),也是玩家对策略游戏感兴趣的几个主要元素。

策略游戏中的一种细分游戏类型是塔防游戏,游戏玩法主要是通过在地图上建造炮塔、建筑物或其他物体,用来阻止游戏中的敌人进攻的游戏,游戏中主要体现进攻和防御的思想。塔防游戏并不是一种新的游戏类型,在早期的古代棋类游戏中,就具有进攻与防守的思想。

图 7-7 《星际争霸 2》游戏

## 7.5 角色扮演游戏

角色扮演游戏(Role-Playing Game,RPG)的概念是:玩家在游戏世界中负责扮演一个或多个角色的活动,并在一定的规则下让所扮演的角色发展。在游戏中,玩家"变成"游戏中角色,并以该角色的身份在游戏提供的环境中完成冒险任务并生存,这个角色往往会完成从一个普通人到具有惊人能量的超级英雄的成长过程,如《无尽的任务》《博德之门》《仙剑奇侠传》和《塞尔达传说》(见图 7-8)等。

角色扮演游戏中需要的元素通常有主人公、装备、怪物、经验值和升级等。角色扮演游戏的主要类型包括冒险游戏、动作游戏和战争游戏等,主要游戏特征是主题、行进、探索与战斗、交谈及交易。角色扮演游戏的核心机制为:技能与特殊能力、魔法与它的等价物,就是用装备和经验来定制角色。在游戏进程上体现在为玩家设立目标的故事情节和任务,提供角色自我成长和玩家自我表现的机会。

角色扮演游戏是游戏市场中的主要类型。从心理学的角度来看,人类从小就有角色扮演的意识。约翰·赫伊津哈认为:"装扮最能体现游戏的秘密性和不同,化装和蒙面的某人扮演另一个人,另一个存在童年时代的惊恐、愉悦、神奇的幻想都在这奇异的化装蒙面活动中缠杂在一起。"这也是角色扮演游戏存在和发展的理论基础。因此,不管技术如何改变,时代如何发展,未来角色扮演依然会是玩家喜欢的主要游戏类型之一。

角色扮演游戏的主要代表作有《星球大战:旧共和国武士》《暗黑破坏神 2》《上古卷轴 5:天际》《辐射》《勇者斗恶龙 8》《超级马里奥 RPG》《地球冒险 2》《最终幻想 6》《口袋妖怪红 & 绿》《怪物猎人:世界》及《勇者斗恶龙》等。

图 7-8　角色扮演游戏《塞尔达传说》

# 7.6　体育游戏

　　体育活动本身是传统游戏的重要组成部分,体育游戏(Sports Game,SG)又称运动类游戏,是模拟人类体育项目的游戏,模拟真实或虚拟体育运动的某些方面进行比赛或团队、职业管理,如足球、篮球和赛车等运动项目。体育游戏要求角色完成巧妙的竞技动作,重视控制动作的力度,以获得较高技巧,如《实况足球》系列、《FIFA》系列、《马里奥网球 Ace》、《极限竞速:地平线 4》、篮球《NBA 2K18》系列(见图 7-9)、赛车及钓鱼等,也包括完全模拟武术的拳击格斗。

图 7-9　篮球游戏《NBA 2K18》

体育游戏的主要元素包括体育项目、天气、即时重放、运动员评估及音频解说等,其核心是强调模拟细致和逼真。

# 7.7　冒险游戏

冒险游戏(Adventure Games,AVG 或 ADV )一般是在固定的剧情下,玩家在一个复杂的环境里随故事情节的展开经历各个故事,解决游戏中难题。冒险游戏的主要要素包括故事情节、冒险和解谜等,故事叙述与探索是冒险游戏的关键元素。

冒险游戏的名称源于早期的一款名为《Adventure》的游戏,一直沿用到现在,因此,冒险游戏也并不都是冒险,一般都会提供精彩的故事情节吸引玩家。比较知名的冒险游戏有《神秘岛》和《模拟人生》等(见图 7-10)。

图 7-10　《模拟人生》游戏

冒险游戏中还有一个子类,兼具冒险游戏和动作游戏的特点,称为动作冒险(Action-Adventure)游戏。

# 7.8　益智游戏

益智游戏(Puzzle Game)是由纸上游戏与益智玩具衍生而来的,用以培养和测试玩家在某方面智力和反应能力,多为小游戏。相对于动作游戏的快节奏,益智游戏一般都速度较慢,大多给了玩家充分的思考时间,如牌类游戏,拼图类游戏及棋类游戏等,是一种侧重玩家思考与逻辑判断的游戏类型。牌类游戏中的《蜘蛛纸牌》(见图 7-11)是益智游戏中全世界玩家最多的几款游戏之一,体现了这类游戏受欢迎的程度。

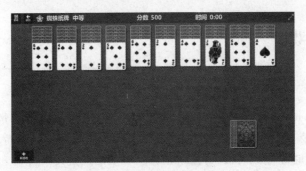

图 7-11 《蜘蛛纸牌》游戏

益智游戏是休闲类游戏的主要形式,游戏的必要元素通常为谜题设计,谜题的类型包括模式识别、逻辑及理解等,按玩家的思路实现游戏的设置目标,往往关卡短小,挑战难度逐级提升。

也有部分益智游戏在速度上对玩家有要求,使玩家面对任务挑战时有时间的压力,如《俄罗斯方块》等,而部分游戏对反应的要求更高,如《别踩白块》(见图 7-12)和《FlyBird》等,这部分游戏又称为快速益智游戏或反应类游戏,是部分玩家感兴趣的一种益智游戏类型。

图 7-12 《别踩白块》游戏

# 7.9 音乐游戏

音乐游戏(Music Game)主要元素是旋律与节拍,游戏挑战主要在于玩家对节奏的把握,以及眼手的协调和反应能力。在音乐游戏中,玩家配合音乐与节奏并根据画面指示进行游戏,如《初音未来:歌姬计划》游戏(见图 7-13)等。通常玩家做出的动作与节奏吻合即可增加得分,相反情况下则会扣分,或在无法达到一定要求的情况下结束游戏。

图 7-13　《初音未来:歌姬计划》游戏

随着音乐游戏的发展,游戏开始融入其他种类游戏的要素,如 PSP 上的《战鼓啪嗒砰》和 GBA 上的《节奏天国》,都是打破传统的创新音乐游戏,但都与旋律和节拍有关。另外,众多的舞蹈游戏也被归纳为音乐游戏的范畴。

## 7.10　竞速游戏

竞速游戏大多以时间长度作为游戏成绩的评定标准,即单位时间内完成的任务量,也包括对操作技能的要求、驾驶的交通工具的要求等,如赛车等游戏。竞速游戏也强调对驾驶的细致模拟,因此也称为驾驶模拟游戏。还有一类是对交通工具的模拟,曾经也是一个单独的游戏类别,强调对熟练操作的奖励。在任务挑战上,除了竞速外,还包括任务、挑战、对抗赛和锦标赛等。经典的竞速类游戏作品主要有《跑跑卡丁车》《极品飞车》《GT 赛车》以及《马里奥赛车》,近年来口碑最好的竞速游戏之一为《极限竞速 5》(见图 7-14)。

图 7-14　《极限竞速 5》游戏

# 7.11  独立游戏

独立游戏是从另一个维度划分的游戏类型。

独立游戏的概念在国外出现较早,在国内是 2015 年前后才更多地被人们熟悉,并开始被各大游戏厂商重视,网易游戏甚至还开发了两款独立游戏作品《花与月》(见图 7-15(a))与《惊梦》(见图 7-15(b))。独立游戏最初是相对于商业游戏而言的,一般指没有外部的发行商提供资金支持,完全由开发者自己付出劳动和资金制作的游戏。后来"独立"的意义发生了变化,现在一般指小团队或者个人开发的、体现游戏制作人独立意志,具有独特风格和创新的游戏。在国内的一些独立游戏开发比赛活动中,有的主办方将团队人数作为界定是否是独立游戏的因素之一(如团队人数不超过 20 人),也有的将是否获得投资以及获得投资的多少作为条件,如 2016 年 GMGC(全球移动游戏联盟)的独立游戏开发者大赛,规定独立游戏参赛团队已获得的投资不能超过 150 万元。

(a)《花与月》游戏          (b)《惊梦》游戏

图 7-15  独立游戏

独立游戏开发团队通常比较小,甚至一个人开发的游戏也不在少数。在电子游戏发展史上,早期的许多游戏其实都可以称为独立游戏,尤其是一些有创意、有技术革新的小游戏,如经典的《打乒乓》《俄罗斯方块》及《太空大战》等,都是由个人开发完成的。

独立游戏带给游戏领域创新的探索,在目前的游戏环境中更有其独特的意义和价值。同时,部分独立游戏也有良好的商业表现,如《我的世界》,早期由马库斯·佩尔森个人设计开发完成,在经过多年优异的市场表现后,于 2015 年被微软以 25 亿美元收购。

独立游戏的代表作品主要有《死亡细胞》《奥伯拉丁的回归》《奥日与精灵意志》《超级食肉男孩》《去月球》《到家》《菲斯》《饥荒》《史丹利的寓言》《机械迷城》《时空幻境》以及华人陈星汉参与监制的《风之旅人》等。

# 7.12　社交游戏

理查德·巴特尔曾根据玩家在游戏中的行为,将玩家分为 4 个基本的类别,其中之一是倾向于在游戏中与其他玩家交互的社交型玩家,是游戏玩家中的一个重要群体。

美国著名游戏设计师和制作人 Tim Fields 认为,游戏中的用户与其玩家的互动有助于推动游戏的普及和留住玩家,并且通过特定的外部社交网络实现这一目的。同时,他也认为,游戏必须要有社交黏性,通过社交互动激发用户定期回到游戏平台,即使不是进入游戏本身。同时,游戏必须与多种类型的社交生态系统或者框架相互促进,以便用户可以在"玩游戏"这一核心机制之外获得更多乐趣。

人们喜欢在一起玩,不在于大家在一起做什么,而是大家在一起,自己成为社群的成员。以前强调游戏的社交功能和社交属性,尤其是互联网和智能终端的发展,为游戏便捷地实现社交性提供了条件,游戏的社交功能又使游戏的用户得到了扩展。

移动互联网时代,社交需求得到了更好的满足,大多受欢迎的在线多人游戏,都体现了"一起玩"的思想,如社交游戏《VRChat》(见图 7-16)。因此,基于社交或更强调社交属性的游戏又称为社交游戏,社交游戏现在又常常与家庭游戏联系在一起,主要作品有《超级马里奥派对》《星链:阿特拉斯之战》《胡闹厨房 2》《任天堂 Labo》《马里奥网球 Ace》以及《石器时代》等。

图 7-16　社交游戏《VRChat》

# 7.13　在线多人游戏

在传统游戏中,也极少有游戏是单独一个人玩的,即使像孔明棋这类可以一个人玩的游戏,最初也不是仅仅供个人玩乐。人类喜欢群体活动的特点,也体现在游戏中。当互联网和计算机技术的发展为这种多人参与游戏提供方便时,大型多人在线游戏(Massive MultiPlayer Online Game,MMOG)就成为一种重要的游戏形式之一。根据游戏具体的特点,多人在线游戏常常又分为多人在线角色扮演游戏(Massive Multiplayer Online 、Role-Playing Game,MMORPG)和多人在线战术竞技游戏(Multiplayer Online Battle Arena Games,MOBAG)等。多人在线战术竞技游戏也称为 Dota-Like(Dota 类游戏),是 MMOG 中比较受欢迎的一种,如《Dota2》游戏(见图 7-17)。多人在线也是现在 E3 和 TGA 所设置的游戏类别奖项之一,作品有《盗贼之海》《怪物猎人:世界》《堡垒之夜》《命运 2》《使命召唤 15:黑色行动 4》及《战地 5》等。

图 7-17　《Dota2》游戏

# 7.14　其他游戏类型

此外,随着技术的变革及受其他文化艺术形式的影响,还出现了一些新的游戏类型和特点,或一些新的概念。有的是与一些新技术的结合,如混合现实游戏等;有的是一些新的游戏类别名称,并不是全新的游戏形式。

## 7.14.1　多种类型的组合

在电子游戏的开发中,为了照顾不同类型玩家的需求,往往会引入多种游戏元素,并兼顾几种游戏类型的特点,如 AVG、RPG、解谜冒险与角色扮演类游戏组合,将解谜冒险放在很重要的部分。如《古墓丽影 9》(见图 7-18)和《生化危机》等游戏。由于融合了多种游戏类型的要素,现在一些游戏往往有多个标签,如《命运——冠位指定》游戏的热门标签就有养成、回合制、二次元及角色扮演等。

图 7-18 《古墓丽影 9》游戏

## 7.14.2 桌面游戏

桌面游戏(Table Games，TG)指电脑桌面游戏或在桌面上进行的游戏。在桌面上进行的游戏往往使用纸片以及其他形象指代物，由两个人及以上的人使用这些道具进行。从广义上来，桌面游戏包括从人类开始使用工具后，如用石头垒堆等游戏，麻将、围棋、扑克及飞行棋等都是桌面游戏。20 世纪前后桌面游戏复兴，到 21 世纪初又重新流行。除扑克之外的卡牌游戏，如《三国杀》《大富翁》《游戏王》及《万智牌》等，也在桌面游戏圈流行过。

另外与桌面游戏相关的一个概念是图版游戏(Board Game)，图版游戏是桌上游戏的一类，指将图文符号画在一块硬板上作为记录工具的游戏。除必备图版外，也可用棋子、骰子、筹码、卡片等配件。图版游戏与华人传统认定的棋类有部分重叠，涵盖一些智力游戏。部分游戏可以划入棋类，也可以划入图版游戏，如孔明棋这样可以自奕的棋；只用笔画符号代替棋子的五子棋和井字棋等纸笔游戏；用棋子表方位，不需棋盘指示，只需桌面的昆虫棋等。图版游戏大多可归类为欧美定义的抽象策略游戏，盛行于欧洲，后来融合了 RTS 要素战斗过程，忽视多人游戏的平衡性。著名的图版游戏《大富翁 4》(见图 7-19)的用户最多曾达到5 亿。

## 7.14.3 严肃游戏

严肃游戏并不是一个新的概念，也不是一种新的游戏类型，只是近几年被更多地提及。游戏除了作为单纯的娱乐活动之外，还能够用于很多非游戏领域，如教育、医疗及交通等方面。如果不是仅以娱乐为目的的游戏，都可以称为严肃游戏，如部队用于提高军人执行能力的军事题材的战争游戏，以及用于预防阿尔茨海默病的游戏等，也有人称此类游戏为功能性游戏，都是强调游戏对于帮助人们解决问题的功能。

图 7-19　《大富翁 4》游戏

### 7.14.4　平行实景游戏

平行实景游戏(Alternate Reality Gaming，ARG)是一种以真实世界为平台，融合各种虚拟的游戏元素，玩家可亲自参与到角色扮演的多媒体互动游戏，也译作侵入式虚拟现实互动游戏、虚拟现实游戏或替代现实游戏，是游戏与现实生活的结合，早期游戏有《家务战争》等。近几年，国内游戏化应用也逐渐增多，如基于情侣之间感情交流与维系的《Will》(见图 7-20)等。

图 7-20　游戏化应用《Will》

平行实景游戏的思想是让小事更有意义，把小事与别人联系起来，影响别人。平行实景游戏不是为了逃避现实，而是为了投入现实生活，从现实中得到更多。平行实景游戏也可理解为线上线下相结合的游戏。对于类似的游戏，也有人用其他名称进行命名。

### 7.14.5 二次元游戏

"二次元"的概念近几年逐渐被大众所熟知。"二次元"来自日语，本意为"二维"，指日式动画的美术风格，后来多有引申，指日本动画式世界观等，也泛指与现实世界不同的动漫游戏等虚拟的二维世界，以及有别于现实主流生活的不同生活方式。国内以哔哩哔哩为代表的二次元平台，逐渐形成一些新兴的二次元社交群体和社群文化，二次元题材的游戏也逐渐受到关注。例如，以 2016 年网易游戏《阴阳师》(见图 7-21)为代表的一些二次元产品逐渐形成了二次元用户群体，成为二次元游戏发展的支撑。在 2017 年的各类游戏评选活动中，都有与二次元有关的游戏作品入围。随着日式动漫爱好者这个二次元群体的成长与扩大，以二次元为表现形式的游戏作品，会有更大的潜力和更多机会。

图 7-21 《阴阳师》游戏

### 7.14.6 沙盒类游戏

玩沙子是小孩子最喜欢的活动之一，大多数人小时候都有玩沙子的经历。玩沙子的乐趣在于自由地发挥、随意地创建，没有明确的规则，可以以挖坑、堆积的方式进行建造。今天的沙盒类游戏的精神实质，就是给予玩家极高的自由度和发挥想象的空间，虽然也存在对这一概念不同的解读，但它的主要乐趣无疑就在于极大的开放与自由度。最具有这些特征的游戏之一就是《我的世界》(见图 7-22)，被称为沙盒类游戏的代表，游戏中玩家可以充分发挥个人的想象力和创造性。

图 7-22　《我的世界》游戏

### 7.14.7　逃杀类游戏

日本作家高见广春于 1999 年完成了恐怖小说《大逃杀》,2000 年,这部小说被改编成同名电影。《大逃杀》主要讲述未来世界,已经饱和的世界经济给亚洲各国带来了空前的经济萧条,有一个国家失业率高,人们失去了生存自信,孩子们也拒绝上学,学校内的教师又遭受到学生的暴力行为,为了消解公民对少年恶性犯罪引起的愤恨,培养青少年们在逆境中的生存能力,出台了一部新的教育改革法。新的教育改革法要求每年从全国的学校随机选出一个班级的学生,把他们送往荒无人烟的地方。每个学生可以有地图、粮食及各种各样的武器,让他们自相残杀,直到留下最后一个为止,时间限度为 3 天。在此期间学生违法行为都不受法律、道德限制。

大逃杀是生存竞争,实际上也与策略有关,后来,这一主题被改编为游戏,受到玩家的追捧,由此引发了大逃杀游戏的开发热潮。目前,一个更流行的叫法就是"吃鸡",其来源于另一部 2008 年上映的美国电影《决胜 21 点》,影片讲述了几位数学天才少年凭才智大闹赌城拉斯维加斯的故事。这部电影开始的第一句台词就是"Winner winner,Chicken dinner",当时赌场的一份鸡肉饭不到 2 美元,而赢一次可得 2 美元,足够要一份鸡肉饭,这就是"吃鸡"这一名称的由来。而《绝地求生大逃杀》(PUBG)(见图 7-23)则是目前最为流行的"吃鸡"游戏。

### 7.14.8　结合新技术的游戏形式

虚拟现实(Virtual Reality,VR)主要借助头戴式的显示屏,如 Oculus Rift、HTC Vive以及索尼的 PlayStation VR 等,营造一个完全虚拟的空间(见图 7-24)。它的画面生成和渲染由相连的计算机、游戏机或手机完成,动作传感器可以把用户动作投射到虚拟世界当中,通过软硬件的配合工作,带给玩家身临其境的体验,这是 VR 游戏的主要特点。

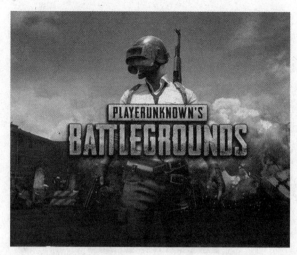

图 7-23  逃杀类游戏《绝地求生大逃杀》

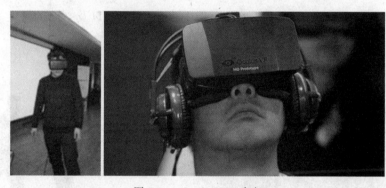

图 7-24  Oculus VR 头盔

　　头戴式显示器以 Oculus Rift 的出现为标志,自 2013 年发售开发者版本后,迅速引起人们对于虚拟现实的关注以及行业对头戴式显示器开发的热情。以 Oculus Rift 为代表的头盔与电子游戏的结合,可以让玩家大幅提升玩游戏时的沉浸感。除游戏外,Oculus Rift 已逐渐被广泛应用于建筑、电影及医药等其他领域。与虚拟现实相关的还有增强现实(Augmented Reality,AR)、混合现实(Mixed Reality,MR)等概念,AR 游戏《Pokemon Go》如图 7-25 所示。

　　体感游戏(Motion Sensing Game)主要改变以往以手柄按键输入的操作方式,通过肢体动作的变化来实现对游戏的操控,如利用手环打网球的体感游戏(见图 7-26(a))和利用Xbox360 Kinect 体验《哈利波特与死亡圣器》的游戏(见图 7-26(b))。2006 年,日本任天堂推出新一代家用游戏机 Will,配套了新款游戏手柄,将体感动作引入了电视游戏主机,玩家可以直接用身体动作控制屏幕上的游戏人物。

　　索尼体感设备 PlayStation Move 动态控制器和 PlayStation3 USB 摄影机结合,不仅会

图 7-25 AR 游戏《Pokemon Go》

辨识上、下、左、右的动作,还会感应手腕的角度变化、快速活动以及空间的深度等与动作相关的复杂信息。

(a) 利用手环体验网球体感游戏　　(b) 利用Xbox360 Kinect体验《哈利·波特与死亡圣器》

图 7-26 体感游戏

微软在 2010 年 6 月对 Xbox360 体感周边外设正式发布 Kinect,并推出多款配套游戏,包括 Lucasarts 出品的《星球大战》、MTV 推出的跳舞游戏、宠物游戏、运动游戏《Kinect Sports》、冒险游戏《Kinect Adventure》及赛车游戏《Joyride》等。

**思考与练习**

1. 探讨主要游戏类型的核心元素。
2. 列出 5 款以上不同的游戏,分别写出它们的不同点。
3. 尝试将两款不同的游戏进行结合,形成新的游戏形式。

# 参考文献

［1］　亚当斯. 游戏设计基础［M］. 王鹏杰，董西广，霍建同，译. 北京：机械工业出版社，2010.

［2］　Scott Rogers. 触摸屏游戏设计［M］. 颜彦，黄静，译. 北京：中国青年出版社，2014.

［3］　Anna Anthropy，Naomi Clark. 游戏设计要则探秘［M］. 李福东，曾浩，译. 北京：电子工业出版社，2015.

［4］　Tim Fields. 手游与社交游戏设计——盈利模式与游戏机制解密［M］. 谢田田，译. 北京：电子工业出版社，2016.

［5］　李茂. 2016 中国独立游戏发展报告. 中国游戏产业发展报告（2017）［C］. 北京：社会科学文献出版社，2017：38-53.

### 第 8 章

# 游戏心理学

　　本章主要介绍游戏用户的主要分类，以及他们在游戏中感兴趣的一些普遍性的乐趣元素。

　　对游戏的理解，最终要回到对玩家的理解上来，即为什么喜欢玩游戏？喜欢玩什么样的游戏？实质是对人类本身的研究。不同的玩家群体对游戏的喜好有何不同？不同的游戏带给玩家哪些不一样的体验？游戏玩家希望在游戏中得到什么样的乐趣？为何有些人如此痴迷于游戏？这些问题，都可以从心理学的角度进行分析和认识，并找到答案。以传统过家家游戏为例，儿童为何都喜欢玩这样一个游戏？他们在这类游戏中体验到的乐趣是什么？借助心理学的研究成果进行分析，基于心理学的理论，则更易于理解。

## 8.1　游戏群体分类

　　有的游戏作品面对的玩家群体会涵盖儿童到老年人群，有的是以男性为主，有的是以女性为主，有的明显只是低龄儿童更感兴趣，而有的则可能只有某一些具体领域的人群感兴趣。尽可能兼顾不同的玩家群体和具体针对某一人群细分的游戏，会存在着一些明显区别，表现出不同的特征。对玩家群体特征进行分析，他们喜欢什么、不喜欢什么，是理解这种偏好的基础。例如，对于一款关于宠物侍养的游戏，要去了解侍养宠物的人群特点，在饲养宠物的行为中，他们关心什么，有什么习惯，饲养宠物带给他们的核心体验是什么，他们注重哪些方面的乐趣等。

　　玩家群体对游戏兴趣偏好的明显差异、特征相对突出的是年龄和性别表现出的不同。

### 8.1.1　性别

　　根据中国音数协游戏工委与伽马数据联合发布的《2018 年中国游戏产业报告》显示，中国的移动游戏用户中男女比例基本持平，女 47％，男 53％，这与国外公布的数据也比较接近。游戏用户中女性的比例近年来逐渐提高，成为重要的群体。

　　在游戏用户群体中，男性与女性对游戏类型的爱好，既表现出共同性，又体现出各自的不同。有的游戏，女性玩家兴趣明显高于男性，有的则正好相反。已有的研究表明，男性尚武,喜欢游戏中关于征服、竞争、破坏、尝试和失败以及空间谜题等因素。因此,主流游戏类型中的第一人称射击游戏以及多人在线竞技游戏,男性玩家的比例都高于女性。而女性喜欢的一般是关于情感、真实世界以及照料、对话和谜题等因素。因此,一些养成类、基于音乐节奏的舞蹈游戏以及强调剧情的游戏,女性玩家的比例一般都高于男性。

女性玩家的普遍特点还包括:对视觉部分感兴趣,注重可以看到的东西,如鲜花和服饰,它们能够满足女性玩家的浪漫感觉;对宠物感兴趣,卡通的宠物角色比较受女性玩家的喜欢;喜欢简单轻松的小游戏,大多数女性玩家对重度游戏兴趣不大;女性玩家对声音也有一定的兴趣,注重好听的音乐。心理学的研究结果也与近年来的一些游戏行业公布的数据吻合。

## 8.1.2 年龄

游戏用户群体,从儿童到老年,几个主要的年龄阶段因为人的生理特性和认知能力,表现出不同的兴趣特征。

3 岁以下的儿童,由于还不能理解规则,并且手脑的协调性不够,主要是对没有明确规则的玩具感兴趣。他们自己能够控制玩具,关注点主要在色彩、形状、声音和动态。有简单交互的玩具会引起他们的兴趣,如触碰后声音、颜色、动态的变化反馈等。

大约从 3 岁左右,儿童开始对游戏产生兴趣,尤其是规则简单的游戏,如《宝宝学 ABC 儿童游戏》(见图 8-1),已经能够自己理解,也逐步能够独立选择游戏。到了 10 岁左右,开始表现出明确的兴趣倾向,对游戏有特别的兴趣,会开始有自己的一些看法,喜欢的游戏在色彩和造型风格上都有明显的特点,如儿童游戏《Gocco of War》(见图 8-2)。

图 8-1 《宝宝学 ABC 儿童游戏》

到了 14 岁左右,男女出现了兴趣上的明显分界,男性表现出对竞争和征服有更多的兴趣,而女性则对现实世界和沟通感兴趣,并乐于尝试新体验,因而喜欢的游戏类型有了不同。

图 8-2 《Gocco of War》游戏

成人以后,游戏用户有明确的爱好,特别是 18～25 岁,拥有时间和一定的支付能力。目前许多游戏开发商都将这一年龄段的人作为主要的消费群体,而大学生是这一群体的重要组成部分。

25 岁以后,人生进入事业比较重要的阶段,游戏时间相对较少,主要玩的是休闲游戏,但这类群体也是昂贵游戏的购买者。除了这个年龄段外,付费能力较强的群体还包括 18 岁及以下的新生代,TalkingData 发布的《2018 年我国游戏行业 IP 价值及用户年龄分布分析报告》显示,该年龄段的玩家中月付费超 1000 元的比例远高于其他年龄段。

平均年龄在 60 岁左右的人群,大都处于退休状态,从时间上来看,往往有更多可支配的时间,而对于游戏的偏好,也表现出年幼的特征,如对操控的要求降低,对游戏时间挑战的压力减小等,更倾向于允许长时间思考的游戏。思维训练可能在一定程度上对阿尔茨海默病有预防和治疗作用,近年来,部分老年群体开始有意识地玩游戏。

除了生理特性的因素外,不同年龄阶段的一些兴趣特征,往往是动态变化的。不同的社会环境,对未来也会产生不同的影响。

## 8.2 游戏乐趣元素

游戏的意义之一是带给人们乐趣,这种乐趣既包括用户感官愉悦的美学部分,也包括完成任务过程中的探索和遇到的偶然性因素,以及完成任务后获得的成就,包括收获的礼物、获得的积分和装备等,还包括游戏开始时对游戏结果的期望,以及游戏故事带来的乐趣。

### 8.2.1　勒布朗游戏乐趣分类

人们喜欢游戏,终归是喜欢游戏中的某一类乐趣元素,虽然这种喜欢千差万别,但也存在一些共性。游戏设计师马克·勒布朗提出一个游戏乐趣列表,主要包括了感受、幻想、挑战、交流、成就、叙述、服从及表达等,下面分别进行介绍。

(1) 感受:主要是美学表达部分,如看到、听到的内容,即我们所说的好的游戏就是"好玩加好看"中好看的部分。对于一个核心机制优秀的游戏,突出的美术表达会让这个游戏变得更好。

(2) 幻想:以社会或个人的理解和愿望为依据,对还没有实现的事物有所想象。构成幻想的因素主要由现实的欠缺和心理渴求所引起,游戏中的幻想还可以通过题材的设定和故事结局的设计来体现。

(3) 挑战:是完成超出自己能力范围的目标时的心理感受,是游戏的核心乐趣。挑战性是激发玩家乐趣的主要原因,构成挑战的因素主要有目标设立和实现过程。游戏中挑战的具体表现方式有想完成游戏、竞争、提高操作技巧、渴望探险及获得高分等。

(4) 交流:是彼此把自己有的信息提供给对方,由交流对象和交流的内容构成。游戏中的交流可以通过游戏为平台进行人与人之间的真实交流,也可以通过人与游戏中的虚拟生物形象进行虚拟的交流。

(5) 成就:某个方面做出超越常人的成绩,并获得人们的肯定后产生的心理感受。构成成就的因素包括自身行为和群体认同。游戏中成就感的产生通过完成游戏中预先设计好的某项任务或者角色级别达到一定的高度,并在群体中获得肯定来实现的。

(6) 叙述:是指一个故事的讲述,也包括对游戏进程的讲述。

(7) 服从:根据勒布朗的观点,当开始一个游戏时,就要遵循这个游戏世界的所有规则,这也是部分玩家喜欢的乐趣之一。

(8) 表达:强调的是游戏玩家参与到游戏创作中,给予玩家一定的再创作的自由,如角色视觉特征的选择创建等。

### 8.2.2　玩家乐趣类型

如果基于马克·勒布朗的游戏乐趣元素,再根据玩家的乐趣喜好对玩家进行分类,就是游戏设计师理查德·巴特尔提出的 4 种玩家类型,这 4 种类型的玩家对应了目前游戏市场的主要作品类别,下面分别进行介绍。

(1) 成就类:成就类玩家的主要乐趣在于挑战,喜欢不断地获取徽章,不断地升级,完成游戏目标,对在游戏世界中的行为感兴趣。成就类玩家倾向于作用于世界。

(2) 探险类:探险类玩家的主要乐趣在于探索游戏世界,寻找新的内容,对收集感兴趣的玩家也包含在这一类型中。探险类玩家倾向于与世界交互,对与游戏世界的交互感兴趣。

(3) 社交类:社交类玩家的主要乐趣在于寻找伙伴,喜欢与朋友在线互动,与他人建立关系。社交类玩家倾向于与其他玩家交互,他们对社交的兴趣高于游戏本身。近几年 E3

展会也单独设置了社交游戏的奖项。

（4）杀手类：杀手类玩家的主要兴趣在于对抗和击败他人，喜欢通过获胜的方式，将自己的意志强加于他人，也包括破坏者。杀手类玩家倾向于作用于其他玩家，将自己的意志强加于他人，或对帮助他人感兴趣。

# 8.3 玩家在游戏中的乐趣行为

从玩家在游戏中的行为角度来看，玩家的乐趣行为主要包括探索与冒险、扮演与表演、收集与积累、学习与研究、破坏与创造，以及对抗与求生等。

## 8.3.1 探索与冒险

探索与冒险是人类的天性，人类始终保持着对未知世界的探索，例如，在游戏世界中探索隐藏的事物（如游戏中散布于迷宫各处的宝箱），或发现新的道路，或对周围事物的好奇心，这些探索与冒险使游戏得以继续。

普通游戏过程一旦加入冒险要素，会显得具有挑战性和刺激性。传统的 RPG 讲究踩地雷的遇敌方式，这就是利用了随机性的冒险因素。近几年被大家关注的罗格游戏，以及由此开发的类罗格游戏，都体现了随机迷宫生成的机制，从而增加了冒险的因素。例如，《不可思议的幻想乡》游戏（见图 8-3）中有随机生成迷宫的地形、装备、道具、怪物等，这也是类罗格游戏中常见的情况，通常会使游戏更富有冒险要素。

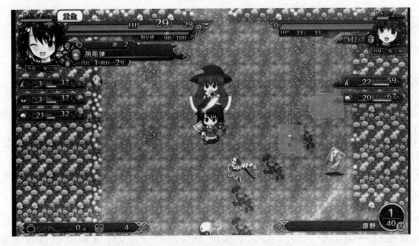

图 8-3 《不可思议的幻想乡》游戏

### 8.3.2　扮演与表演

扮演要素在角色扮演类游戏中最为突出,游戏的主角通常没有个性或者个性十分大众化,这有利于玩家得到最真切的代入感。游戏主角的灵魂需要由玩家自己来填充,在《魔兽世界》游戏中,专门设立了角色扮演服务器。从扮演的角度,电子游戏与传统艺术存在着显著的区别,也给扮演带来了根本性的变化。在角色扮演游戏中,玩家一方面去实现终极目标,另一方面,在完成任务挑战的过程中,对自己技能水平的表演与炫耀也是带给他们乐趣的因素之一。人的潜意识总是喜欢炫耀自己的优点,好的游戏难于精通,对于一些在游戏中的特别能力的展示,也具有一定的表演性,如格斗游戏、足球和篮球游戏中的技能表现等。

### 8.3.3　收集与积累

在部分游戏类型中,物品的收集是游戏的重要内容之一,玩家总是将游戏中的各种道具视为自己的虚拟财产,特别是隐藏的、稀有的道具。如《游戏王》系列、《口袋妖怪》系列(见图8-4)等,游戏没有什么情节,而数以百计的各种怪兽宠物、道具、卡片让玩家为之疯狂。在网络游戏中,玩家之间可进行交易,拓展了玩家们收集道具的渠道。

图 8-4　《口袋妖怪》游戏

游戏中积累的重要原则是量变必然质变,经过一定升级,可以获得新的能力或使原有能力得到加强。积累的效率也应随着游戏进程得到调节,最基本的积累方式就是打怪练级,玩家通过不断的战斗积累大量的经验值,换取级别或能力的提升。例如,在模拟经营类游戏中,玩家的首要目标就是积累金钱;在射击游戏中,玩家通过击坠敌机换取分数。

### 8.3.4　学习与研究

学习是人类的本能,玩家需在游戏世界中学到知识。玩家所学到的经验将转化为一种直觉并反映在下一次游戏中。对于玩家来说,游戏的学习门槛要较低但又要有一定的深度。在《反恐精英》中,初学者不了解各种武器装备的性能指标也可以上阵,但玩久了就会对武器的差异有所分辨,渐渐达到精通。

　　游戏中的学习还包括寻找眼前事物的规律,从而找到解决问题的方法。对玩家洞察力的挑战,往往体现在游戏的解谜部分,玩家需要仔细观察周遭环境并进行推理,包括对时间与空间的推理。例如,Windows 的《扫雷》游戏以及著名的《神秘岛》游戏(见图 8-5),玩家要面对大量谜题的挑战,这种情况下,洞察力在玩游戏时就显得尤为重要。

图 8-5 《神秘岛》游戏

### 8.3.5 破坏与创造

　　破坏是人们对现实不满的最直接的发泄行为,而在游戏中满足人们的破坏欲,是吸引玩家的方式之一。被破坏的往往是负面的东西,象征着现实世界中的种种障碍和挫折。在游戏中杀人、撞车乃至网络游戏中的 PK 等都是破坏欲的体现,如《侠盗猎车手》等。游戏中的破坏行为要约束在一定的尺度,不能超过人们的道德评判。

　　与破坏相对应的行为是创造,毁灭旧事物是为了创造新事物,这是人类永恒的理想。成功的创造过程往往需要完美的自由度,喜欢创造的玩家不会乐意创造受到限制,如《我的世界》游戏。而玩家的创造行为必须遵守的最为重要的规则——任何新事物创造意味着旧事物消亡,这也是玩家创造行为的游戏性基础。

### 8.3.6 对抗与求生

　　游戏中总是伴随着对抗,包括玩家之间的对抗或人机对抗,这种对抗主要体现为一种博弈行为,如卡牌游戏《炉石传说》(见图 8-6)中,各种角色属性相生相克,可理解为一种博弈;对战类游戏中,上、中、下三段不同程度的攻击与防御可以理解为一种高速的实时博弈;而战略类、经营类游戏则更是一种建立在复杂数学模型基础上的宏观博弈。

图 8-6 《炉石传说》游戏

对抗的目的是求得自身的生存。求生是人类的最基本本能,因此玩家在游戏中不希望看到失败。人类求生的欲望和对死亡的恐惧,使我们在面对种种困境时去努力探索出路。如果玩家在游戏中遇到困难,都会尽力做多种尝试和努力,以推动游戏的进程去实现目标。在动作游戏中通常的做法是给予主人公多次复活的机会,也让普通水平的玩家能够继续游戏。

## 8.4 玩家的需求层次

在游戏设计中,心理学家亚伯拉罕·马斯洛的人类动机理论常常被拿来作为对用户需求研究的理论依据。马斯洛将人的需求层次划分为 5 个阶段,按重要性和层次性排成一定的次序,如图 8-7 所示,从基本的需求(如食物和住房)到复杂的需求(如自我实现)。

(1) 生理需求:对食物、水、庇护所及温暖的需求,是个人生存的基本需求。

(2) 安全需求:对安全性和稳定性的需求,是个人使自己免于恐惧的需求。

(3) 归属感与爱的需求(社交需求):对朋友、家庭的需求。人际交往需要彼此互助和赞许,也就是社交需求。

(4) 尊重需求:受到别人的尊重和维护自己的自尊心的需求。

(5) 自我实现需求:追求内在天赋的创造力和实现理想的需求。通过自己的努力,实现对生活的期望,从而感到生活和工作有意义。

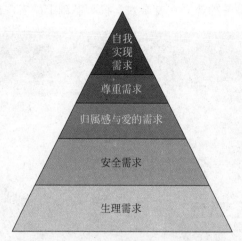

图 8-7　亚伯拉罕·马斯洛关于人的需求层次

亚伯拉罕·马斯洛认为,需要能够影响行为,当人的某一级需要得到满足后,就会有追求高一级需求的动机,如此逐级上升,成为推动人继续努力的内在动力,而满足了的需要很难充当激励工具。尤其是在角色扮演游戏中,往往将这些理论作为设计的依据,角色不同的成长阶段应当给予玩家什么样的任务挑战,以满足这个阶段的需求,以致最终实现角色的终极目标。

美国心理学家克雷顿·奥尔德福则提出人类的核心需求主要有 3 种,即生存需求、相互关系需求和成长发展需求。克雷顿不强调需求的顺序关系,需求层次也不严格,同时他认为,当人们的需求受到挫折时,往往会持续不断地追求,直到满足为止。如果在游戏中满足这些人类的基本需求,就会让游戏变得更有趣。游戏参与者能够选择他们的竞争对手和目标等,体现了自主需求;在游戏中的挑战能力体现了能力的需求;而与朋友分享的系统则体现了关系需求,尤其是在朋友圈的排行榜往往更有意义,跟同学、家人、朋友比排名,更容易产生动力。

## 思考与练习

探讨不同年龄、不同性别用户的游戏行为特点。

## 参考文献

[1]　Schell J. 游戏设计艺术[M]. 刘嘉俊,陈闻,陆佳琪,等译. 北京:电子工业出版社,2016.

[2]　渡边修司,中村彰宪. 游戏性是什么[M]. 付奇鑫,译. 北京:人民邮电出版社,2015.

[3]　约翰·赫伊津哈. 游戏的人[M]. 杭州:中国美术学院出版社,1998.

[4]　大野功二,游戏设计的 236 个技巧[M],支鹏浩,译. 北京:人民邮电出版社,2015

[5]　Koster R. A theory of fun for game design[M]. 2 版. 南京:东南大学出版社,2014.

[6]　陈京炜,何晓抒. 游戏心理学[M]. 北京:中国传媒大学出版社,2015.

### 第 9 章

# 游 戏 叙 事

本章介绍游戏叙事的特点、故事具有的共同特点,以及经典的故事模型和角色原型。

故事和游戏都是人类历史发展中文明的重要组成部分,也是人们表述和理解世界的一种方式。游戏中的故事与电影、小说等艺术形式中的故事结构基本一致,具有共同点,但游戏又有它自己独特的叙事方式,通常以动画、图片、声音、对话、旁白以及游戏规则等来描述世界、进行叙事,玩家参与到叙事中。

对于游戏与叙事之间的关系问题,是以故事为主还是以游戏为主,也一直存在不同的看法。有人认为游戏需要好的故事来吸引玩家,强调故事的重要性,这在有的游戏中也确实如此;而另外一种观点则认为游戏本身就是用来讲故事的媒介。

实际上,玩家对游戏叙事也存在不同的态度,有的注重剧情,对故事的进一步发展充满好奇,而有的玩家却对故事剧情并不在乎。游戏中很难兼顾到所有玩家对故事的要求,因此,游戏中的叙事,最终是以玩家在游戏中的体验作为评价的标准。由游戏类型和特点决定的游戏故事,需要为游戏服务,服从于游戏,在游戏的范畴内发展。而如果两者的关系处理不当,在游戏中故事就失去了它的价值。

即便是像中国象棋这类抽象游戏也是叙事过程,可以将其演化、叙述为一场两个王国惊心动魄的战争故事。移动一个棋子都是讲述的过程,这样更能引人入胜,使游戏更有意义。即使有的游戏没有故事,但也有叙事结构,即事情发生的顺序,如《俄罗斯方块》《宝石迷阵》及《吃豆人》等。

故事和游戏本身都是一种艺术形式,因此,结合了故事的游戏,会更有吸引力。在电子游戏的发展中,游戏设计师们一直在努力探索如何将游戏和故事很好地融合起来,以产生更独特的趣味性。好的故事让玩家对游戏有较长时间的兴趣,在游戏世界里与角色一起感同身受,为他们的命运而抗争,为他们的失败和死亡感到难受,使玩家觉得故事的主题内容就是他们正在做和将要遭遇的事情。

故事也让游戏的背景更丰富、更有意义,同时也有利于对游戏的表述。因此,游戏都尝试尽量加入故事的元素来吸引玩家。2011 年,GameSpot 年度最佳游戏中,获得最佳剧本奖的独立游戏《去月球》(见图 9-1)的成功之处就在于其感人的故事情节。

图 9-1 《去月球》游戏

# 9.1 游戏叙事的特点

游戏的叙事通常包含游戏故事和游戏进程的描述。游戏故事的特点,就是交互式故事与非交互式故事之间的不同。游戏故事需要玩家付出一定的努力,与玩家存在一定的互动,是玩家和游戏之间的互动产生的故事,是玩家、主角面对任务和挑战,借助游戏故事理解游戏世界。对于同一款游戏,不一样的玩家可能体验相同,同一个玩家玩同一个游戏,每次体验也可能不同。玩家在与游戏交互的过程中做出的选择和感受到的体验,是叙事的一部分,由玩家决定如何参与,如何做出决定和完成目标,规则、动词和交互的对象都会对故事产生重要影响。

玩家的参与推动着故事的发展,进入到新的故事情节,新的故事情节又作为对玩家努力的奖励。通常采用的模式是给玩家布置任务,玩家控制角色去完成各种挑战,游戏需要交互和选择,才能让玩家参与并推动故事,尤其是冒险游戏和角色扮演,如《魔兽世界》游戏(见图 9-2),此类游戏需要更多的时间和努力去体会其中的故事,这样才会更加有代入感。

游戏中也有玩家非参与性的叙事,往往是通过开场动画或者过场动画的形式讲述,用来介绍游戏的背景、主题和角色信息等,不会制造事件让玩家去参与体验,只是提供一些额外的趣味性。这些非参与性的叙事,通常作为玩家成功完成某些关卡任务后领取的奖励,使玩家明确下一阶段的任务,告诉玩家如何玩游戏。例如,《愤怒的小鸟》通过开场动画讲述游戏的故事背景以及环境保护的主题;又如类似《英雄联盟》(见图 9-3)这样的竞技类游戏往往

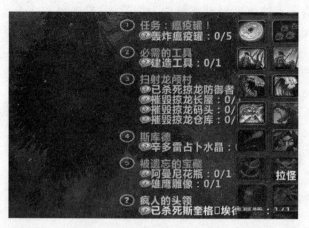

图 9-2　《魔兽世界》的任务界面

也是采用非参与性叙事的方式。不管是开场还是过场故事,它并不是游戏本身的开始、发展和结尾,不是推动游戏发展的因素。

图 9-3　《英雄联盟》游戏

# 9.2　游戏叙事的方式

　　1941 年,阿根廷作家豪尔赫·路易斯·博尔赫斯发表了《赫伯特·奎恩作品研究》,提出了一种类似树枝分叉的小说结构思想:第一章结束后,接下来的 3 章都有不同的子事件,每章又都分别分出另外 3 节,所以整个故事有 9 个结尾。后来,这种叙事开始出现在书中,最有名的是美国作家雷蒙德·蒙哥马利的儿童书籍《惊险岔路口》(Choose Your Own

Adventure)。这样有分支的故事当时就被称为游戏书,有选择故事分支的游戏,也被称为故事游戏。后来出现了纯文字的故事游戏,相当于传统游戏书的电子版。这种可以选择的分支,让玩家可以操纵故事发展,也可以选择所有选项,尝试各种发展路径。

　　根据关卡的类型,玩家参与的游戏故事可分为线形与非线形结构。线形故事是我们接触最多的传统故事模式,故事的线形发展就是一条直线,只有一个结局。而非线形结构往往是游戏故事发展到一定的阶段后会有几个选择,每一个选择都会面临不同的事件,不同事件发展到一定阶段,又会有不同的选择和不同的结局(见图9-4)。这样,一个故事就会有无数的结局,需要由玩家主导,做出选择。

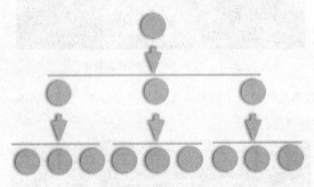

图 9-4　游戏故事分支图

　　玩家的选择决定了故事向哪个分支发展,决定了故事的不同进程和结局,也让玩家有一种能够决定故事发展的成就感。玩家可以根据自己的判断和爱好进行选择,如《巫师 3》游戏(见图9-5)中不同的对话选项会决定故事接下来的发展。也有一些叙事限制了分支数量,有些最后要回到主线剧情,或者把重要选择放在末尾。

图 9-5　《巫师 3》游戏

非线形的叙事虽然给了玩家选择的机会,但这些选择都是设计师设计好的,是受限制的选择,玩家自己不能创造。游戏中还有一种设计是让故事元素可选,但不影响游戏发展和结果,如对游戏进度的奖励,由玩家决定是否要选择去体验,也可以选择不体验。有一种注重剧情的非勇者 RPG,为了情节而安排冒险,不一定按线形的方式排列分支剧情,如《最终幻想》游戏(见图 9-6),各种分支情节穿插在一起使故事更丰富,多个主角有各自的故事和目的,通过操作不同的主角来表现同时发生在不同地域的故事,且彼此影响和交错,但每个分支情节还是遵循了英雄之旅理论,只是叙事顺序发生了改变或删减了部分阶段。

图 9-6　《最终幻想》游戏

## 9.3　叙事的一般原则

游戏叙事与其他叙事一样,无论是否交互,都存在一致性,具有普遍性的规则。游戏叙事通过角色来推动故事的发展,体验冲突和解决冲突,一般也是开头、中间和结尾这样的结构,没有表现出特别不同。好听的故事有没有一些共同的特点?从下面对该问题的回答中,读者能找到一些共同的答案,就是好的故事所具有的基本要素。

对于传统故事的研究已经有很多,广为熟知的有约瑟夫·坎贝尔(Joseph Campbell)的《千面英雄》,在 1992 年,好莱坞编剧与制作人克里斯托弗·沃格勒(Christopher Vogler)将约瑟夫·坎贝尔的英雄之旅模型应用于其写作的实用指南《作家之旅:源自神话的写作要义》(The Writer's Journey)中,著名的《黑客帝国》游戏(见图 9-7)就是根据该实用指南完成的故事。这些研究提出,通常意义上我们认为好听的故事,应该具有的结构与要素具有规律性,还包括如何创建有趣角色的研究,都同样适用于游戏故事。

图 9-7 《黑客帝国》游戏

### 9.3.1 目标、障碍和冲突

好的故事往往体现一个拥有目标的主角和拦在主角与目标之间的障碍,以及另一个角色和另一个目标的关系。障碍的难度形成游戏中的冲突,主角在完成有难度的目标过程中,带来挑战和刺激性。冲突是故事的核心,冲突的设置使故事避免平淡,推动故事的发展。冲突与障碍也是多方面的,既有主角自身能力以及装备等各种资源与完成目标的要求上的差异,也包括了主角内心在决策上的困难。主角的目标往往也是玩家的目标,这种障碍与冲突,在游戏故事中的表现也是一致的。如在《超级马里奥》游戏(见图 9-8)中,玩家的任务(也是主角的任务)与目标在于克服困难救出被绑架的公主;在《大金刚》游戏中,玩家与主角的任务是去解救被绑架的女朋友。

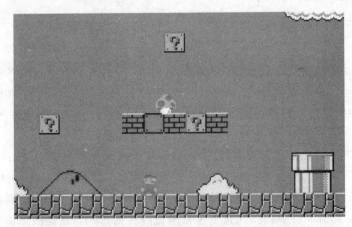

图 9-8 《超级马里奥》游戏中目标、障碍和冲突设置

### 9.3.2  简单和卓越

故事的主线要简单,结构要清晰,这是讲故事的基本原则之一。一般认为,对讲故事的一个要求就是让 7 岁小孩能够听懂,游戏故事更是如此。同时,故事的内容需要超越现实生活,尤其是赋予角色的能力,应该超越现实中平凡的角色,这也是玩家的期望。如马里奥的跳跃、体育游戏中角色的超常能力以及角色魔法等,玩家希望在游戏中的角色是英雄。

### 9.3.3  英雄之旅故事模型

《千面英雄》(The Hero With a Thousand Faces)是美国著名作家、神话研究者约瑟夫・坎贝尔总结的关于一般神话故事的基本结构,后来成为好莱坞电影界处理叙事的指导工具。这套理论也适用和影响着非西方主流电影,以及中国的神话故事。约瑟夫・坎贝尔将以往的叙事手法总结、命名、组织、规范化、结构化,形成系统化理论,不受地域性限制,可用来解释各地各民族神话故事甚至正统文学作品。《千面英雄》作为写作工具,适用于各种形式的剧本,当然包括游戏故事。

约瑟夫・坎贝尔认为,虽然形式不断变化,但故事只有一个,在多种多样的外衣下,各地的神话在本质上是相同的。因此,神话中的逻辑、英雄和行为在现代依然有生命力。神话中英雄历险的标准道路就是成长仪式准则的放大,即启程—启蒙—归来,是单一神话的核心单元。

将这个历程按照三段式的结构进行讲解:第一阶段是分离或启程,共 4 个子部分(英雄使命的迹象—拒绝召唤—超自然的援助—进入黑暗王国的通道);第二阶段是启蒙过程中的考验与胜利,共分 6 个子部分(考验之路,众神危险的一面—遇到女神,婴儿创新获得幸福—妖妇的诱惑,领悟与苦恼—与天父重新和好—奉若神明—最终的恩赐);第三阶段为回归并与社会重新融合,也是 6 个子部分(拒绝回归,摒弃世人—借助魔法逃脱—来自外界的解救—回归平凡的世俗—两个世界的主宰——终极幸福的性质和作用)。

后来,好莱坞制片人 Christopher Vogler 从实用的角度,将千面英雄模型具体化,完成了一本实用写作指南《作家之旅:源自神话的写作要义》。书中将英雄之旅模型大致分成 12 个组成部分,在参考时每个阶段可被删除、修改、省略和浓缩,也可加入新的阶段或重新排列,从而得到更多的变化。受英雄之旅故事模型影响的《星球大战》电影,故事自然高度符合英雄之旅故事模型,也被改编为一系列的游戏作品(见图 9-9)。

下面分别对英雄之旅模型的主要组成部分进行讲解。

**1. 普通的世界**

普通世界通常是指故事发生前,故事的角色过着正常的平静生活,这种普通世界是相对于特殊的、不正常的、充满异类的世界而言的。一般传统 RPG 会用序章来表现普通世界和冒险的召唤这两部分,在有些游戏中,这部分是可以操作的,如完成一些小的任务、得到一些简单装备和道具等;有些游戏这部分就是通过简单的开场动画加文字介绍一下游戏世界。

图 9-9  《星球大战》游戏

### 2. 冒险的召唤

主角往往因为一件特殊的事件而打破普通世界中的平静生活,出现英雄命运的转折点,从普通世界进入非常世界,开始面对问题和挑战,有了一个明确的目标,从而开始冒险之旅。如被外星人入侵、被外来部落清洗等,最后的唯一幸存者通常是一名孩子,而这就是我们故事的主角。

### 3. 对冒险的拒绝

英雄一开始没有决定是否要进入非常世界,开始冒险。这时会有很多外界因素,帮助他战胜恐惧,克服心理障碍。对冒险的抵触会表现为孩子对亲人朋友的依依不舍之类。在离家的过程中,他可能会知道自己的使命,但是不想去接受,并漫无目的地流浪,这是冒险前重要的铺垫。

### 4. 与智者的相遇

英雄在冒险中犹豫不决时,会有智者出现,为英雄开始冒险提供建议等来辅助英雄。有时智者需给英雄特别的激励,故事中的智者往往是聪明的老人、老师、医生或英雄父母的朋友等。英雄在这里学习各种技能并得到一些装备,如初级魔法和简单道具等,有了对冒险目的信息的一些基本了解。在有些传统 RPG 中,这部分时间可能比较长,角色会从几岁发展到十几岁,在传统 RPG 游戏中,智者(甚至多个智者)会时常出现在旅途之中。

### 5. 穿越第一个极限

在穿越第一个极限时,英雄做出了决定,进入非常世界开始英雄之旅,决心要面对一系列未知的困难挑战,英雄无法回头。在游戏中,尤其是角色扮演游戏中,有无数的迷宫、守卫者和相似的 Boss。因此,穿越第一个极限可能并不明显,一般都融合到下面一个阶段中。

### 6. 考验、盟友、敌人

在非常世界里,英雄的冒险之旅要先面对一些小的挑战和考验,还要认识新的朋友和遭遇敌人,学会非常世界的生存方式。英雄会不断地探索、认识新的伙伴、面对一系列的困难和任务,打败不同的敌人。这部分是游戏中最复杂、最主要的部分,由在不同地方发生的不同人物参与的很多小情节组成。主线的主要目的就是探索真相,随着真相的逐渐明朗,勇者知道了自己冒险的最终目的。

### 7. 接近深层的洞穴

英雄开始接近危险,穿越第二个极限。危险深藏的洞穴、暴力集团控制的特殊区域等,通常都是危险之地的设定。英雄在接近危险之前会稍作停歇,以整理装备、计划行程等,或用智慧骗过迷宫入口的守卫者。英雄准备好剑和迷宫地图,智取比英雄强大的恶龙,进入了死亡迷宫。从这个阶段开始基本都是和最终的 Boss 之战,也可能开始会遭遇一些挫折,需要再做一些新的尝试。传统 RPG 游戏在这几部分一般就是进入最终的迷宫,依次击败最终Boss 的手下们,在迷宫里找到最强装备,最后面对最终 Boss,将其击败。

### 8. 严峻的考验

英雄进入最底层的迷宫,面对最强烈的恐惧和可能死亡的考验,与敌对力量进行生死存亡的战斗,这一阶段英雄一定要死去或者显得要死去,后面再给他机会复活。在游戏中,这就是终极的 Boss 之战。

### 9. 得到嘉奖

英雄从死亡中复活,战胜了挑战、克服了恐惧,并获得了回报。这种回报可能是特殊武器、魔法剑、可治愈伤痛的良药,也可能是知识、经验等,因在冒险中的表现他获得了真正的英雄称号。

### 10. 回去的路

英雄得到嘉奖,决定要回到普通的世界,但还有危险、考验、诱惑在面前,在回普通世界的路上,通常会被疯狂报复英雄的敌对力量所追逐。

### 11. 复活

从非常世界回来的英雄在真正地回到普通世界之前,已经历过死亡或者接近死亡,还需在最后一次考验中经历真正的死亡,再次复活获得重生,从而最终完成角色的提升,回到普通世界。

### 12. 满载而归

旅程完全结束,英雄回到了普通世界,带回了特殊东西让英雄之旅有意义,可能是灵丹妙药、非常有用的知识和经验、赢得了一场艰苦的比赛、得到了忠贞不渝的爱情和自由等,让普通世界人们的生活得到了改变,从此过上了幸福的生活。在角色扮演游戏中,往往是击败最终恶魔后操作就结束了,或者是再用动画来表现一下普通世界恢复了和平生活的场面。

有些故事省略的原型模式中的某些要素,也会以某种方式在其他地方暗示出来。在冒险的形态、人物的作用以及取得的胜利方面,没有明显的差异。对于最强调情节的两类游戏RPG 和 AVG,英雄之旅理论是有借鉴意义的,其他类型的游戏,相对来讲剧情不是主导。如果真正理解英雄之旅理论,并灵活地运用,再加以丰富的变化,就可写出出色的游戏故事。

### 9.3.4　施密特的故事模型

美国的故事原型研究者维多利亚·林恩·施密特还将角色中的主角分为男性和女性,并分别总结了多种男女主角的类型,阐述了男女主角故事模型各自的大致结构。他的故事模型都是以 3 幕、9 个过程为章节的基本结构。下面分别是男、女主角的故事模型结构。

男主角故事中,往往是主角拒绝着内心的改变,最后觉醒取得胜利,或是拒绝改变最终失败,故事模型结构如下。

(1) 第一幕:挑战(完美世界—朋友与敌人—召唤)。

(2) 第二幕:障碍(小成功—邀请—考验)。

(3) 第三幕:改造(死亡—觉醒与叛逆—成功或失败)。

女主角故事模型中,主角在第一幕中觉醒,最后走向重生,故事模型结构如下。

(1) 第一幕:牵制(对完美世界的幻想—背叛或领悟—觉醒)。

(2) 第二幕:改变(穿过审判之门—风暴之眼—死亡)。

(3) 第三幕:上升(支持—重生—回到完美世界)。

在维多利亚·林恩·施密特看来,以男性为主角与女性为主角的故事结构,不管是主角最初冒险的动机,还是具体结构的章节,都有各自明显的特征。

# 9.4　故事中的角色原型

除故事模型外,故事中的各类角色形象也被研究总结,并进行了原型化。美国学者维多利亚·林恩·施密特还就故事中如何创造出经典的人物角色,基于瑞士心理学家荣格原型理论和希腊神话,提炼出了 32 个主角原型和 13 个配角原型。这些具有代表性的人物形象,在不同的故事中往往有相似性,这些相似点总结抽象出来就是人物原型。原型是全人类看人经验的结晶,理解原型的概念,能够帮助读者理解故事中各种角色的目的和功能,可以把各种原型当作不同的面具,被各种角色使用,从而创作出丰富而又易于理解的角色形象。如在一些传统的童话故事中,基本的人物原型常见的有狼、猎人、好妈妈、坏继母、善良仙女、邪恶女巫、英俊王子和美丽公主等,而每一类都有一些共同特征。

维多利亚·林恩·施密特将角色主要分为英雄、配角和反派 3 种原型。

### 9.4.1　英雄

英雄就是故事的主角。英雄一词源自希腊语,是保护、服务,肯为其他人牺牲的人物,英雄人物原型所展示的是自我、人性中的独立,要做的是能够超越自我。因此,英雄就是能够战胜个人和当地历史局限性的人(男人和女人),这些局限性针对的是普遍有效的常规人类模式。在游戏中,我们通常将英雄称为勇者。

英雄之旅是英雄在心理上寻找自我、超越自我的旅程。故事就是围绕英雄关心、在意、害怕的事情展开的。传统角色扮演游戏是勇者的自我成长,勇者是占主导地位的主角,游戏进程围绕主角展开,游戏事件按线形排列,与英雄之旅理论相似。

在传统角色扮演游戏中,勇者水平的提高主要是自己练级,在升级后总结出新的更强的技能,这也是游戏的主体部分。注重故事的游戏类型还有冒险游戏,故事主要集中在英雄之旅的中后阶段。有些冒险游戏的故事发生在一个较小地域,主角就一个,而且是故事的核心,没有过多的分支情节,主线明确。

### 9.4.2　配角

配角包括朋友、对手和象征,以自己的方式给主角制造障碍,从而为故事增色,是用来形成冲突的重要资源。配角中的朋友主要分为 4 类,分别是智者、指导者、挚友和爱侣。智者与指导者都是故事中除英雄外最重要的人物,用来帮助、训练、保护和引导英雄开始英雄之旅。他们往往象征英雄的最高志向,经常是前一代幸存的英雄,他们的智慧、经验和装备传给新一代的英雄,会像父母教会孩子知识般教导英雄,能够帮助主角克服困难避开陷阱。

在 RPG 游戏中,英雄在旅程当中会遇到多次挫折,会通过这些挫折学会不同层次的技能,并得到不同级别和属性的装备。在不同的地方会有不同的智者出现来帮助勇者,引导勇者面对现实和命运的挑战、传授勇者技能或者赐予装备。勇者会在分支情节中认识新的同伴、逐步得到线索、逐渐成长找到自我并学会分辨善恶等。传统 RPG 中其他伙伴也有自己的故事和性格,但只是辅助主角冒险。玩家扮演多个角色来体会他们各自的英雄之旅,到最后一起面对同样的最终挑战。

挚友与爱侣是主角的陪伴者,随时准备提供帮助和支持,只是不一定能够帮上忙。他们在一定程度上为主角带来安全感,爱侣则是故事中的爱情部分,他们有时候也会给主角带来一些麻烦,但他们一般都与主角有一样的目的。

在约瑟夫·坎贝尔所著的《英雄之旅》中,还有传令官这样一个原型。传令官带来挑战信息,为英雄描述需要的冒险和提醒英雄要到来的新信息,从而激励英雄,让冒险故事开始。传令官有时是智者的另一功能,可正、可邪或中立,也可能是敌方势力的直接挑战。

### 9.4.3　反派

反派是与主角对立,使剧情产生戏剧性冲突的角色或力量。主角在故事发展中都会遇到阻碍,反派用来形成主角的阻碍与挑战,往往是想毁灭、击败主角的。与英雄对立的反派常常代表了邪恶势力,是故事中的反面,体现了黑暗一面,如各种有形的怪兽或任何人都不喜欢的事物等。反派在故事中典型的出场形象有男巫、女巫、撒旦、魔鬼、坏蛋,甚至小人等。

作为主角障碍的反派,在约瑟夫·坎贝尔的《英雄之旅》中还有其他一些原型,如每个关键地方的入口都会有的守卫者,他们阻拦恐吓英雄,当他们理解了英雄后,英雄就很容易说服他们,并通过入口。主角的障碍也可以指不好的天气、运气以及英雄内心的障碍等,目的是测试英雄是否真的做出了决定。

## 思考与练习

1. 给定一个简单故事,依据故事进行游戏创意设计。
2. 对《华容道》游戏背景故事进行改编。

## 参考文献

[1] 维多利亚·林恩·施密特.经典人物原型 45 种:创造独特角色的神话模型[M].吴振寅,译.3 版.北京:中国人民大学出版社,2014.
[2] 约瑟夫·坎贝尔.千面英雄[M].黄珏苹,译.杭州:浙江人民出版社,2016.
[3] 亚当斯.游戏设计基础[M].王鹏杰,董西广,霍建同,译.北京:机械工业出版社,2010.
[4] Schell J.全景探秘——游戏设计艺术[M].吕阳,陈闻,蒋韬,等译.北京:电子工业出版社,2010.

### 第 10 章

# 游 戏 引 擎

本章介绍游戏引擎的发展历史和主要功能、主流的商业游戏引擎,以及游戏中的人工智能。

## 10.1 什么是游戏引擎

游戏引擎(Game Engine)是指已编写好的交互式实时图像应用程序的核心组件以及配套工具系统。通常游戏引擎为游戏设计者提供各种开发游戏所需的工具,目的是让游戏设计者能简单、快速地设计出游戏而不是由零开始。

引擎(Engine)一词来源于汽车的发动机,游戏引擎在游戏里的地位,好比汽车引擎是汽车的心脏一样。众所周知,汽车引擎(见图 10-1)决定着汽车的动力性能,要想汽车跑得快、跑得久,没有一颗强力、稳定的心脏是不行的。

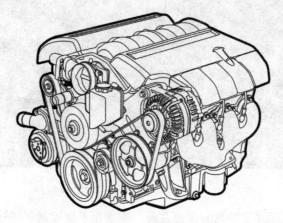

图 10-1　汽车引擎

游戏也是如此,玩家所体验到的剧情、关卡、美术、音乐和交互操作等内容都是由游戏引擎直接控制的。它扮演着游戏中发动机的角色,它把游戏中的所有元素连接在一起,在后台指挥它们的同时,有序地工作。

## 10.2　游戏引擎的诞生与发展

　　曾经有一段时期,游戏开发者关心的只是如何尽量多地开发出新的游戏,并把它们推销给玩家。早期的游戏都很简单,容量大小都是以兆字节计,但每款游戏的平均开发周期也要在 8～10 个月,这一方面是由于技术的原因,另一方面则是因为几乎每款游戏都要从头编写代码,造成了大量的重复劳动。

　　渐渐地,一些有经验的开发者摸索出了一个偷懒的方法,他们借用上一款类似题材的游戏中的部分代码作为新游戏的基本框架,以节省开发时间和开发费用。单个产品的成本因生产力水平的提高而降低,自动化程度较高的手工业者最终将把那些生产力低下的手工业者淘汰出局,引擎的概念就是在这种机器化作业的背景下诞生的。

　　最早的游戏引擎可追溯到 1992 年的《德军总部 3D》游戏(见图 10-2)。它是由 3D Realms 公司开发、Apogee 公司发行的一款只有超过 2MB 的小游戏。但这部小游戏开创了第一人称射击游戏的先河,它在 X 轴和 Y 轴的基础上增加了 Z 轴,Z 轴对那些看惯了 2D 游戏的玩家造成的巨大冲击可想而知。《德军总部 3D》中的引擎叫 Wolfenstein 3D,是由大名鼎鼎的约翰·卡马克(John Carmark)发明的。

图 10-2　《德军总部 3D》游戏

　　游戏引擎的出现,促进了游戏的快速发展。随着显卡性能越来越强,游戏的画质越来越高,游戏开发周期也越来越长,通常都会在 3～5 年,自行开发游戏引擎,时间还会更长,所以大多数游戏公司会选择购买现成的游戏引擎,简化游戏的开发过程。可以说游戏引擎的出现是革命性的,之后游戏引擎的开发也成为业界的热点。

　　1996 年,id Software 公司发布 Quake 引擎以及同名游戏《Quake》,第一个真 3D 实时演算的 FPS 游戏发布了,同时《Quake》也是电子竞技的开山鼻祖之一。《Quake》的出现统治了 3D 射击游戏很长一段时间,这得益于游戏引擎的强力支撑。

## 10.3　游戏引擎的主要功能

游戏引擎通常包含渲染引擎、物理引擎、声音输出系统、脚本引擎、动画编辑器、网络模块以及场景管理等。下面介绍游戏引擎的主要功能。

(1) 物理引擎:引擎的一个重要功能是提供物理系统,这可以使物体的运动遵循固定的规律。例如,当角色跳起时,系统内定的重力值将决定他能跳多高,以及他下落的速度有多快,子弹的飞行轨迹、车辆的颠簸方式也都是由物理系统决定的。另外,碰撞探测是物理系统的核心部分,它可以探测游戏中各物体的物理边缘。

(2) 渲染引擎:当 3D 模型制作完毕之后,美工会按照不同的面把材质贴图赋予模型,这相当于为骨骼蒙上皮肤,最后再通过渲染引擎把模型、动画、光影和特效等所有效果实时计算出来并展示在荧幕上。渲染引擎在引擎的所有部件当中是最复杂的,它的强大与否直接决定着游戏画面最终的输出质量。

(3) 桥接沟通:引擎还有一个重要的职责就是负责玩家与计算机之间的沟通,处理来自键盘、鼠标、摇杆和其他外设的信号。

通过上面的介绍至少可以了解到:引擎相当于游戏的框架,框架打好后,关卡设计师、建模师和动画师只要往里填充内容就可以了。因此,在 3D 游戏的开发过程中,引擎的制作往往会占用非常多的时间,正是出于节约成本、缩短周期和降低风险这 3 方面的考虑,越来越多的开发者倾向于使用第三方的引擎来制作自己的游戏。

可以说,游戏引擎虽然有着"动力"(Engine)之名,但是其实际上却是行"大脑"(Brain)之实,指挥控制着游戏中的各种资源。游戏引擎的准确定义也是如此——"用于控制所有游戏功能的主程序,从计算碰撞、物理系统和物体的相对位置,到接收玩家的输入,以及按照正确的音量输出声音"等。

## 10.4　不同时期的 PC 游戏引擎

1994 年的《毁灭公爵》(见图 10-3)采用 3D Realms 公司的 Build 引擎,引擎里增加了跳跃、360°环视以及下蹲和游泳等特性,丰富了引擎的功能。

图 10-3 《毁灭公爵》游戏

id Software 的《雷神之锤》是支持动画和粒子特效的真正意义上的 3D 引擎连线游戏。《雷神之锤 2》更是使用了 id Software 的全新引擎，可充分利用 3D 加速和 OpenGL 技术，在图像和网络方面有了质的飞跃。

Epic 公司的《虚幻》引擎(见图 10-4)，可以设计庞大的关卡，逼真的特效，后来成为使用最广的一款引擎之一，被应用于游戏、教育和建筑等多个领域。

图 10-4 《虚幻》引擎

1998 年 Valve 公司的《半条命》(Half-Life)游戏采用 Quake 和 Quake II 引擎的混合体，人工智能有了极大提升。LookingGlass 工作室的《神偷：暗黑计划》(Thief：The Dark Project)游戏，在人工智能方面有了新的突破，敌人能根据声音辨认方位，分辨脚步声，发现同伴尸体会进入警戒状态,会针对行动做出各种合理反应,玩家需躲在暗处不被敌人发现才可完成任务。

2000 年,3D 引擎朝着两个方向分化:融入更多的叙事成分和角色扮演成分以及加强游戏的人工智能提高游戏的可玩性;朝着纯粹的网络模式发展,如 id Software 的《雷神之锤 3 竞技场》、Epic 的《虚幻竞技场》(Unreal Tournament)游戏和 id Software 的《雷神之锤 3 竞技场》(Quake Ⅲ Arena)游戏。

《部落 2》(Tribes 2)游戏采用 GarageGames 公司的 V12 引擎。

《马科斯·佩恩》(Max Payne)游戏采用 MAX-FX 引擎,有辐射光影渲染技术,可以根据材质的物理属性,准确计算每个点的折射率和反射率,使光线传播方式更自然,子弹飞行轨迹更清楚。

《红色派系》(Red Faction)游戏的 Geo-Mod 引擎,则更进一步加强了 3D 表现力,游戏里玩家可任意改变几何体形状,可用武器在坚固物上炸开缺口,穿墙而过,或在平地炸出一弹坑躲进去。同时游戏的人工智能高超,敌人发现留在周围物体上的痕迹时会警觉,受伤时会逃跑。

# 10.5  手游时代的引擎

随着移动互联网时代的到来,手机除了满足大家发短信、通电话的基本需求外,还要满足各类手游玩家的游戏需求。

不过,在 1998—2003 年,"使用手机玩游戏"这项需求并不明显,手机中内置的游戏通常由手机生产商直接提供,也谈不上任何商业模式,只是为了增添手机的销售卖点。《贪吃蛇》是这一时代的手机游戏代表作品,从诺基亚 6110 开始至今,一共有大约 4 亿部诺基亚手机搭载着贪吃蛇游戏推向市场,这让贪吃蛇成为史上传播最广的手机游戏作品之一。

N-Gage 是诺基亚在这个手机游戏史前时代所研发的手机游戏平台,它与后来的 App Store 的平台设定极为相似,根据技术开放接口,游戏开发商可以在 N-Gage 上开发或移植手机游戏产品,用户可以经过免费试玩来决定是否购买,N-Gage 甚至支持用户创建社交关系、互动聊天,加入了排行榜等功能。

但是由于移动网络无法很好地支持手机游戏下载,支付渠道也稀少而复杂,N-Gage 始终没能大红大紫,同时因为过于冒进地将竞争对手锁定为专业掌机公司而不是培养新的市场,N-Gage 系列手机被迫要与纯正的掌机比拼体验。

2004—2007 年,随着手机性能的提高,一些具备了简单彩色图形像素的手机游戏开始面向用户,这类游戏大多用 Java 语言编写,实现的效果相对上一个时代提升了许多。

就像"SP 拯救中国互联网泡沫"的故事一样,运营商给出了基于话费的扣费方式,在没有支付宝的时代,手机话费基本上等同于用户的移动钱包,于是,只要发送一条定制短信,即可下载游戏到手机上,这充分刺激了数以亿计的手机用户,在他们的踊跃支持下,多家 SP 公司(掌上灵通、空中网)趁势上市。

然而,正是由于手机游戏开发商不必为游戏体验负责,只要游戏下载了就可以获得收入,导致了大量名不副实的手机游戏逐渐充斥市场,只要以具有诱惑性或误导性的图文进行无差别推送,就能收到数十倍于成本的利润,这使"恶意吸费"成了令工信部最头痛的投诉项目。

2008—2011 年,随着 iPhone 的诞生及其开创的触屏潮流,不仅革新了用户操作手机的体验,而且也使手机游戏脱离了物理键盘的局限,有了除"上、下、左、右"之外的新的玩法。如果说 iPhone 居高不下的售价可能在一定程度上阻碍了智能手机用户规模的进一步扩大,那 Android 伺机而动的补缺则完成了智能手机对功能手机的最后一击。

当然,SP 模式的破产和应用商店模式的兴起,逐步让手机游戏行业从无序走向有序,移动互联网让智能手机真正成为人的皮肤的外延。现在,在地铁上、餐厅内、办公室里,随处可见"低头族"。

值得注意的是,在触控科技、顽石和乐元素等创业型手机游戏公司并驱争先时,传统的游戏巨头,如腾讯等,也开始在手机游戏行业进行布局,其在这阶段的作品有《三国塔防魏传》,曾创下非常好的成绩。和端游的巨大红利相比,手机游戏当时的商业前景并不是特别有诱惑力,但巨头们显然已经意识到移动互联网即将爆发,不管如何,都需要在"手机游戏"这个重要领域落子。

随着 iPhone 和 Android 手机的日益流行,手机游戏作为盈利能力最强的移动互联网产品,价值日趋显著,手机游戏用户的突飞猛涨,带动了市场规模的不断扩大。

为了快速开发手机游戏,一款可跨平台的游戏引擎成为业界的刚需,这时候涌现出了两款著名的移动游戏引擎,分别是 Cocos 和 Unity,下面分别进行介绍。

## 10.5.1 Cocos 引擎

Cocos 引擎的起源要从 Cocos2d 开始说起。2005 年,在阿根廷的一个叫 Los Cocos 的镇上,一个叫 Ricardo 的开发者(后来 Cocos2d-iPhone 的作者)和一群朋友做了一件有趣的事情:他们计划每一个星期使用一种编程语言完成一个小游戏,经过开发这些小游戏,他们发现为什么不做一个游戏引擎呢?这样可以节省不少开发时间。2008 年,鉴于之前做小游戏的经验,他们发现使用 Python 作为开发语言使用的时间最少,所以用 Python 开发了第一个版本的引擎并用 Ricardo 的家乡地名命名该引擎为 Los Cocos。一个月后,即 2008 年 3 月,团队发布了 0.1 版本并将引擎更名为 Cocos2d。

在 Cocos2d 发布不久,Apple 公司正式发布 AppStore 以及相关 SDK。此后,大量使用 Objective-C 开发的 iOS 应用和游戏流行起来。这一年,Ricardo 使用 Objective-C 重写了 Cocos2d 引擎,并发布了 Cocos2d-iPhone 的第一个版本。

最初,Cocos2d 没有跨平台的版本,推动 Cocos2d-x 诞生的重要因素是 Android 的普及,以及国内对跨平台(iOS 和 Android)游戏开发的强烈需求。Android 的开放性在国内催生了一大批的 Android 智能手机,这时急需一款简单易用的跨平台游戏引擎来解决游戏内容提供商的需求。Cocos2d-x 的作者王哲看到了这个机遇,他发邮件给 Ricardo 表达了想衍生一款跨平台的 Cocos2d 引擎的想法,出乎意料的是,这个想法得到了 Ricardo 的大力支持并提供了很多技术支援,于是,Cocos2d-x 在王哲及其团队的努力下诞生了。

伴随着 Cocos2d 的成长,很多分支版本随之崛起,包括 Cocos2d-x,这些分支版本罗列如图 10-5 所示。

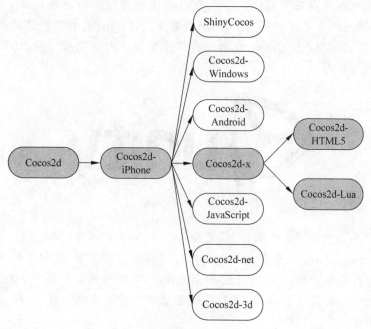

图 10-5　Cocos2d 家族

Cocos2d-x 在被触控公司收购后,开发了配套的 CocosStudio 工具,用来快速开发游戏界面。随着时间的推移,这个工具和引擎集成在一起,演变为 Cocos 引擎,其图标如图 10-6 所示。

图 10-6　Cocos 引擎图标

### 10.5.2　Unity 引擎

Unity 在 2004 年诞生于丹麦的阿姆斯特丹,其图标如图 10-7 所示。2005 年,Unity 公司将总部设在了美国的旧金山,并发布了 Unity 1.0 版本。起初它只能应用于 MAC 平台,主要针对 Web 项目和 VR(虚拟现实)的开发。这时的它并不起眼,直到 2008 年推出 Windows 版本,并开始支持 iOS 和 Wii,Unity 才逐步从众多的游戏引擎中脱颖而出,并顺应移动游戏的潮流而变得炙手可热。2009 年,Unity 的注册人数已经达到了 3.5 万,荣登 2009 年游戏引擎的前 5 名。2010 年,Unity 开始支持 Android,继续扩散其影响力。其在 2011 年开始支持 PS3 和 XBOX360,此时可看作全平台已构建完成。到 2018 年,Unity 的注册人数已超过 300 万。

图 10-7　Unity 引擎

如此的跨平台能力很难让人再挑剔,尤其是支持 Web、iOS 和 Android。另据国外媒体《游戏开发者》调查,Unity 是开发者使用最广泛的移动游戏引擎,53.1%的开发者正在使用,同时在游戏引擎里哪种功能最重要的调查中,"快速的开发时间"排在了首位,很多 Unity 用户认为这款工具易学易用,一个月就能基本掌握其功能。其中,移动游戏支撑了 Unity 公司差不多一半的利润。

与此同时,Unity 还提供了免费版本,虽然简化了一些功能,却打破了游戏引擎公司靠卖版权(license)赚钱的常规。Unity 采用了更为流行的利益分成,以二八开的方式(抽成 20%)为开发者提供了 Union 和 Asset Store 的销售平台,任何游戏制作者都可以把自己的作品放到 Union 上销售,而单个模型或骨骼动画也可以放到 Asset Store 上。一站式的销售、开发平台为广大游戏制作者所称赞。不过,如果是开发 iOS 和 Android 游戏,则必须支付 400 美元的额外费用,被称作引擎附加许可证。

收费版本自然更为强大,尽管版权需要 1500 美元,却可带来能自定义的 Splash Screen、代码优化、视频回放、音频滤波、光影工具、低级补偿、性能优化和组件簇等一系列内容。所以,如果试用了免费版以后觉得很好,并决心要发布精良的 Unity 应用时,建议购买收费版本。

### 10.5.3　非编程游戏引擎

近年来,随着软件技术的发展,逐渐出现了一些被称为非编程的游戏引擎,如 GameMaker、Construct2 以及《RPG 制作大师》等,也称为低编程引擎。开发者可以将游戏引擎当作编辑器使用,当然,这类引擎也有它的局限性,下面分别进行介绍。

(1)《RPG 制作大师》:主要用来制作 RPG 的软件,目前流行的版本是 RPG Maker XP 和 RPG Maker VX。两款软件都是由 Enterbrain Incorporation 公司出品的 RPG 游戏制作工具,它们有不同的风格特点,能使不懂编程的人也能做出精美的 RPG 及其他类型游戏,即使没有安装 RPG Maker XP 或 RPG Maker VX 也能在计算机上运行。

(2) GameMaker:是一款拥有图形界面、可灵活编程、以 2D 游戏设计为主的游戏开发软件。软件由 Mark Overmars 使用 Delphi 语言开发,于 1999 年 11 月发布了首个公开版本,后由英国 Yoyogames 公司收购,它的出现大力推动了欧美乃至全世界独立游戏界的发展。使用 GameMaker 设计游戏的一大特点是,可使用拖曳按钮(d & d)进行游戏逻辑编排。现在推出了旗下游戏制作工具 GameMaker 的 HTML5 版本,会输出游戏到与 HTML5 相兼容的 JavaScript,无须额外的插件或者额外的安装。

(3) Construct2:是一款跨平台二维游戏开发引擎,不需要编码,简单直观,入门容易,通过定义各个部件和事件完成 HTML5 的游戏开发,长处是开发射击及动作类的平面游戏。该引擎可以将开发的游戏封装成多种形式,如 PhoneGap、CocoonJS,再用相应工具生成 iOS 和 Android 的应用。工具自身无法直接打包应用,必须借助第三方工具。个人版包含所有功能,只限个人使用,不得用于企业组织,用 Construct2 开发的游戏收入超过 5000 美元后,必须购买商业版。商业版包含所有功能,无使用限制。

2018 年,Unity 也发布了非编程的 Unity 游戏框架 UnityPlayground,主要面向学生和教育工作者,简化了游戏开发入门学习的过程,提供可使用和组合的任务,非程序员也可实现游戏功能。

# 10.6 人工智能

游戏中的人工智能可以从游戏引擎功能的范畴看。

对于大多数普通游戏玩家来说,玩游戏时并不会想到人工智能这个概念。实际上,电子游戏从诞生开始就有对人工智能的应用,并伴随着电子游戏的发展,只是我们没有单独从人工智能的角度来了解。早期的电子游戏,设计师在游戏中创造一个对手,也大多是玩家与 AI 之间的对抗。发展到当下,玩家对人工智能的对手感受最深的,可能就是那些在游戏中遇到的虚拟玩家。在一些在线游戏中,为了保证玩家玩游戏时能够匹配到适合自己的对手,开发者往往会设计虚拟玩家。

游戏中常见的人工智能就是策略选择,是对最优行动方案的研究,如棋牌、战争等游戏,又如在地图上寻找最有利的道路、胜负判断等。IBM 科学家 Arther Samuels 在 1959 年就编写了一个可以下象棋的程序,能从犯过的错误中学习,不断改进自己。发展到现在,最知名的例子就是由谷歌旗下 DeepMind 公司开发的阿尔法围棋（AlphaGo，中文也称阿尔法狗）这款人工智能围棋程序。AlphaGo 基于神经网络、深度学习的研究，结合了数百万人类围棋专家的棋谱，并通过强化学习和监督学习进行了自我训练，它通过训练形成一个策略网络，输入棋盘上的局势信息，并对所有可行的落子位置生成一个概率分布。2016 年，阿尔法围棋以 4∶1 的总比分战胜围棋世界冠军李世石；2017 年，又以 3∶0 的总比分战胜世界排名第一的柯洁。

游戏中的人工智能也包括对外界环境的感知和反应，例如，在某游戏中，玩家控制的角色躲在屋里，敌人在屋外搜索玩家，如果玩家控制的一个士兵不小心发出了声音，敌人听到声音后就会聚集到玩家所在位置。这就是引擎中的 AI 智能运算，这种运算还包括是否开枪、是否追击等对行动的决策以及对自身状态的判断等。此外，还有对语音、图像和面部识别等的模式识别变化检测以及玩家行为的检测等。

而模拟人或其他生物对玩家行为做出反应，是游戏未来的重要研究领域和发展方向，要在复杂环境中实时地做出恰当反应，包括从能够产生语言到自然语言的分析处理，从预先设计好的语言，到设计好的语言库中选取句子，或进行组合等。

人工智能的应用增加了游戏的挑战性和乐趣，带给了玩家更多有趣的体验，如一些非玩家角色的行为，不再事先安排，会在游戏中学习和演化，跟玩家一起成长，玩家也难以预测游戏行为，造成了游戏本身无法预测的特性，因此能扩展游戏的生命周期。随着人工智能的发展，人工智能在游戏中的应用还有很大空间。

## 思考与练习

选择一款游戏引擎，实现一个简单游戏的玩法。

## 参考文献

[1] 麦克·达格雷斯.游戏 AI 开发实用指南[M].杨奕,马遥,译.北京：机械工业出版社,2018.

### 第 11 章

# 游 戏 视 觉

　　本章主要介绍游戏中普遍的视觉规律和视觉共性,以及已被人们接受的传统审美规则。

　　电子游戏最终都以视觉的方式呈现,因此,电子游戏的娱乐性还在于要提供感官的愉悦,尤其要有视觉上的美感。游戏的视觉部分是游戏的构成要素之一,是对视觉普遍规律的应用,要符合大众的审美观和习惯,即审美共性。而人类视觉的基本元素主要包括色彩、形态、材质以及这些元素的构成规律。因此,视觉效果需要对这些最基本的视觉元素进行研究。游戏中的视觉规律,既包括一般意义上的视觉规律,也包含游戏视觉的专业特点。

## 11.1 视觉风格

　　一款游戏,在视觉上会体现出整体上的风格倾向,这种倾向就形成了其在艺术上的特点,如中国画风格、素描风格和像素风格等(见图 11-1),还有几何化、写实等造型上的特征等。例如,在早期计算机时代,像素被用来作为制作游戏的标准图片模式,在手机游戏的早期,受硬件和技术限制,像素也是游戏美术的主要形式,因为像素图占空间小、颜色少。随着技术的发展,一直都有像素的游戏美术作品,它作为了一种视觉风格而存在。色彩特征和形态特征是确定游戏美学风格的主要元素。

(a) 中国画风格　　　　　　　(b) 素描风格　　　　　　　(c) 像素风格

图 11-1　不同视觉风格的游戏示意

　　美国近代流行艺术大师安迪·沃霍尔曾经说过:改变颜色、改变材质、改变大小以及改变数量是对于如何让创意更有效果的有效方式。安迪·沃霍尔的理论被广泛认可,同样适用于游戏美术的设计。

### 11.1.1　色彩

　　色彩是视觉元素的主要内容,游戏整体的色彩风格特征也很容易从色彩上体现出来,如黑白的视觉效果、强对比的色彩运用或以和谐色彩为主的应用等。在游戏美术的处理中,关于色彩的应用主要体现在对色彩的色调、明度关系以及纯度因素的应用上(见图 11-2),尤其是明度关系,下面分别进行介绍。

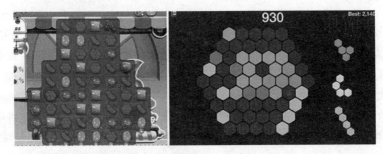

图 11-2　游戏中色彩纯度与明度的应用

　　(1)色彩的色调:在游戏美术的色彩表现上,首先要考虑的是色调的问题,即一款游戏以什么颜色作为主导色,色彩的特点也会成为一款游戏的特点之一。成功的游戏色彩应用,会让游戏用户想到这款游戏时,有一种色调的记忆。

　　(2)色彩的明度关系:即色彩深浅关系的处理。美国知名色彩理论研究学者乔·辛格说过,首先要把颜色当黑白来看,其次才是当作色彩来看,只要色彩的明度关系适当,什么颜色放在一起都是合适的。在考虑颜色的使用时,尤其要考虑角色与场景、文字与背景等元素的深浅关系以及游戏整体色彩的明度处理。

　　(3)色彩的纯度因素:一般而言,纯度越高,颜色越鲜艳;纯度越低,颜色越灰暗。游戏美术中色彩纯度的应用,除了与游戏内容题材相关外,颜色纯度的特点针对的年龄群体也因此不同。中年及以上的人群大都喜欢灰色,这类色彩在色彩学中往往是比较丰富的。而低龄儿童则喜欢鲜艳的色彩,这类色彩一般比较单纯,纯度较高。一般而言,允许长时间思考的益智类的游戏,特别是针对中年人群体的游戏,都不会使用太过鲜艳的色彩;针对未成年人群的游戏,特别是儿童游戏,则相反。

### 11.1.2　形态

　　游戏中视觉内容的形态特征是游戏美术风格的另一种展现,如《我的世界》游戏给用户留下印象深刻的几何化造型风格,《阴阳师》则是漫画风格。这些形态上的特征可以分为写实的造型风格、极具夸张的卡通动漫造型风格、几何化的造型风格以及抽象表现的造型风格等(不同造型风格的角色见图 11-3)。近年来几何化的美术风格(也称低面数风格)在移动游戏中颇受欢迎。

图 11-3 不同造型风格的角色

### 11.1.3 材质

视觉对象除了色彩、形态之外,还有材质的表现,即视觉对象形成什么样的材质效果,主要表现对象的物理属性,是做成塑料、玻璃、金属、布料还是石材的视觉效果。如在《糖果粉碎传奇》游戏中糖果的质感表现,如图 11-4(a)所示,或《炉石传说》游戏中的金属材质感的表现,如图 11-4(b)所示,都会带给用户强烈的视觉感受。即使是一个抽象的几何形体,也涉及材质感的体现。我们有时候也使用肌理,或者质地感这样的概念,都是想表达同样的内容。

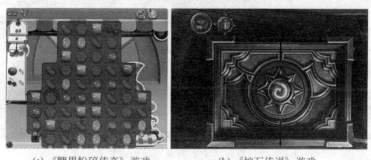

(a) 《糖果粉碎传奇》游戏      (b) 《炉石传说》游戏

图 11-4 游戏的材质感

## 11.2 视觉规律

这里的视觉规律主要是对游戏空间通常的概括表现方式和观看游戏虚拟场景的最佳角度选择,一些常见的视觉现象和规律在游戏中的应用可以带给大家思考和启发。有些游戏的核心玩法就是利用了一些视觉上的现象设计的,也是未来游戏创新的方向之一。

### 11.2.1　2D 与 3D

电子游戏的视觉呈现方式可以从二维和三维的角度进行划分,就是我们通常说的 2D(Two-Dimensional,二维)游戏和 3D(Three-Dimensional,三维)游戏。简单地说,2D 游戏就是以二维图片的形式表现,3D 是在 2D 的基础上增加了空间上的纵深感,而且视觉内容大多是三维模型,因为在 3D 游戏中,也存在使用二维图片的情况,如一些 3D 游戏场景中,远处的一些风景等一般都会直接使用一张绘制的 2D 图片。2D 游戏在空间上容易受到限制,而在 3D 游戏中,如果摄像机(即视角)没有被固定,则是自由的视角,可以看到前、后、左、右、上、下任意方向。对于游戏引擎而言,以前的 2D 与 3D 游戏引擎功能区分很明确,如之前国内常用的 3D 引擎 Unity 以及 2D 引擎 Cocos,但后来 3D 引擎有了 2D 功能,2D 游戏引擎有了 3D 功能。

电子游戏需要借助一个虚拟的空间来进行,这个空间也就是我们所说的游戏场景,如图 11-5、图 11-6 所示是常见横版过关类游戏场景构成形式示意。空间与界面一样,主要涉及空间的分割和利用。对空间的处理,可以用几何形状作为基本形状,如圆、方形来概括表现二维游戏空间;也同样可以用圆柱体、圆球体、长方体等基本形体概括表现三维游戏空间,这样更容易对空间有一个整体的理解。

图 11-5　常见横版过关类游戏场景构成形式示意 1

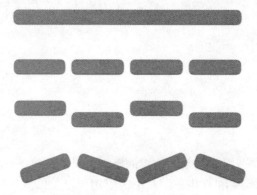

图 11-6　常见横版过关类游戏场景构成形式示意 2

## 11.2.2　视角

　　游戏中的视角是指模拟玩家观看游戏世界的角度,属于观看者与所看对象之间的空间位置关系。在三维视图表现中,常用的是正视、侧视、顶视和透视图的概念。根据游戏内容及场景的特点,决定视觉的最佳角度,通常使用的固定视觉有平视、顶视和 45°俯视等(见图11-7)。在其他一些领域,如建筑、装饰设计等方面,也采用类似的方式。通常人们将观看对象的角度归纳为顶视、平视、仰视和侧视等。下面将分别进行介绍。

图 11-7　游戏中的视角

　　(1)顶视:在游戏中也用到顶视的角度,顶视是垂直向下方看,就是我们说的俯视,便于观察全景,如《扑鱼达人》等。一些游戏中地图的全貌呈现,也都使用顶视的角度。

　　(2)平视:横版过关类游戏,特别是 20 世纪 90 年代的横版过关游戏,如《超级马里奥》等,多采用这种固定视觉,模拟玩家平视前方所看到场景的角度。

　　(3)仰视:即模拟向上看的仰视角度,尤其是在表现太空场景时,采用这种纵版的表现方式,加强空间感。

　　(4)侧视:不同于三维视图中侧视的概念,游戏视图中固定视觉的侧视一般采用 45°视觉的方式。

## 11.2.3　人称

　　游戏中,玩家对游戏世界的观看角度,除了前面提到的视角概念之外,还用到第一人称视角和第三人称视角的概念,这实际上是引擎中摄像机与玩家化身的位置关系,下面分别进行介绍。

　　(1)第一人称视角:游戏引擎中,玩家都是通过虚拟的摄像机来观看世界,即第一人称视角,是借助摄像机的角度来改变玩家的视点,使玩家在游戏中看不到自己(即从操作角色的眼睛位置观看),在射击游戏以及一些模拟交通工具驾驶的游戏中,多用这种方式(见图 11-8)。第一人称视角射击游戏的优点在于玩家可将注意力集中在射击的对象上,避开玩家自身在画面上的移动造成视觉上的干扰。同时,也能够更好地加强角色的体验感。

(2) 第三人称视角：是指在场景中能看到玩家化身，如角色扮演游戏等。

图 11-8　游戏中的人称

## 11.2.4　视错觉

视频游戏涉及对人们视觉普遍性规律的研究和应用，这些视觉规律也包括视觉中的错觉现象。错觉的心理学定义是人由于观看的对象受到色彩、光线和形态或人们的生理、心理等因素影响，会产生与实际不符的判断性视觉误差，是知觉的一种特殊形式，是人在特定的条件下对客观事物的扭曲的知觉，感知与实际事物不相符。

例如，同样大小的形状，在不同的对比环境中，产生相异的视觉感受。如图 11-9 所示，由于被包围周边形状大小的不同，原本是同样大小的形状却明显感觉大小不一致。

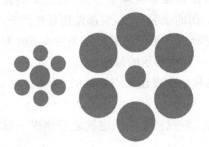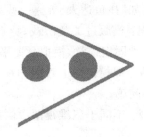

图 11-9　视错觉

同样长度的线条，当横向放置和纵向放置时也给予我们不同的长度错觉感受［见图 11-10(a)］。在游戏开发中已有对人类错觉的利用，如《Stick Hero》游戏［见图 11-10(b)］以及 2015 年在微信上流行的一款类似《Stick Hero》简化版的小游戏。

此外，矛盾空间也被应用于游戏设计开发中。矛盾空间利用多视角、多视点的原理，构成并不客观存在的理想空间。通过多视点在同一平面连接、将不同视点的立体物连接等方式形成矛盾空间。荷兰版画家毛·康·埃舍尔对矛盾空间有大量的视觉表现，如他的代表性作品《瀑布》［见图 11-11(a)］，游戏设计中对矛盾空间的利用，有较早时期的《无限回廊》［见图 11-11(b)］，以及后来成为经典的《纪念碑谷》游戏［见图 11-11(c)］，都涉及对这些视觉特点的利用。

(a) 线条长度错觉　　　　　　(b)《STICK HERO》游戏

图 11-10　游戏中的视错觉

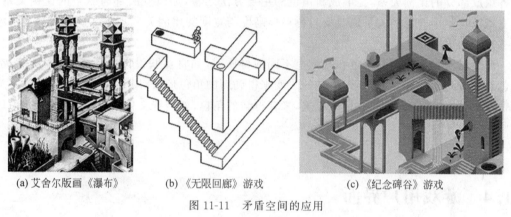

(a) 艾舍尔版画《瀑布》　　　(b)《无限回廊》游戏　　　(c)《纪念碑谷》游戏

图 11-11　矛盾空间的应用

## 11.3　游戏角色

　　游戏角色既可以是抽象的几何形(体)，也可以是具体一个器物或机械，也可能是植物，如一朵花、一粒豌豆或人物、动物等，如图 11-12 所示为游戏角色的不同形态。角色还可能是不同物种的组合，如人物与动植物的结合、动物与植物的组合等。也有人将游戏的角色分为人类与非人类，以及人类与非人类的结合等。不管是什么样的角色，从游戏的角度，都是一个拟人化的"我"。

　　传说中，龙的形象由蛇身、蜥蜴腿、鹰爪、蛇尾、鹿角和鱼鳞构成，而且龙的口角有须、额

图 11-12　游戏角色的不同形态

下有珠,带给我们很多对于角色创意有意义的启发。如今,在动画、游戏中的角色设计创意,都没有超越这种思想:不同类型的组合,如人与动物、人与植物等,是进行角色设定的基本方法。这种思想体现在造型细节上,如一个角色的头部,可以用牛的眼睛、兔的嘴巴等方式进行组合。

　　角色的创意形成,可以归纳为三点:改变形态、改变材质、改变数量。改变一个角色形态各组成部分的比例关系,是形成新角色的主要方法之一,如改变头部与躯干的比例关系、改变四肢与躯干的比例关系或改变角色整体高度与宽度的比例关系等。这些方式都是角色创意常用的手段。

　　改变材质是为了给予角色在视觉上不同的材质感,如将皮肤设计为金属感、木质等,都是创意的方式。此外,还可以用数量的改变来得到新的角色形象,用一句成语形容就是三头六臂,以增加手、足、头等的数量的方式,来获得新的角色,如传统文化中的千手观音、九头鸟这些形象。

# 11.4　游戏用户界面

　　游戏用户界面(User Interface,UI)是指游戏的人机交互操作逻辑和游戏中操作界面的视觉内容,是游戏中除了角色、场景、道具外与游戏用户直接或间接接触的部分界面元素,包括交互模式、视觉元素、反馈元素、化身肖像、屏幕按钮、菜单、音效、环境声音、动画、文字、对话和画外音叙述等(见图 11-13)。

　　游戏用户界面在视觉上是关于平面空间的分割与利用,是认识和理解视觉对象的方式。界面设计的实质是利用点、线、面基本构成元素,运用构成法则的一般规律,来研究它们相互结合的关系和其表达的内容与功能的结合。UI 是在一个限定的平面空间内来安排和布局界面元素及其基本风格、颜色、字体大小、位置关系等,这些决定了玩家如何看、听和感触游戏世界。

　　界面设计遵循简洁、方便、明确的原则。界面要做到足够简洁,如果当玩家需要在界面上得到信息时,要以最少的时间、最快的方式得到,甚至不用思考。界面为玩家提供期待的

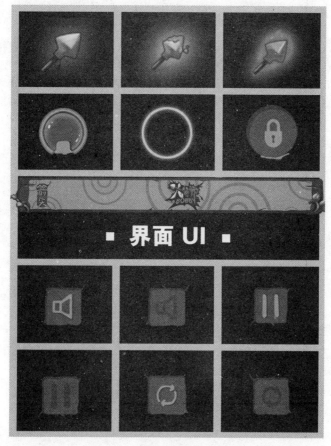

图 11-13　游戏界面内容示意图

功能,否则会给玩家带来不好的体验;方便就是要给玩家提供良好的控制性,包括限制采取一个动作所要求的步骤的数目,从而将身体压力最小化,减小记忆压力,或者在压力下能够很好地进行工作;明确是要对界面元素进行基于屏幕的控制和屏幕上的反馈机制分组,使界面掌握起来更容易,为有经验的玩家提供快捷键,让新玩家感觉到界面很直观。

　　界面设计背后是数理关系,它遵循人类的视觉规律,审美习惯是基础,要遵循传统的已被人们接受的审美习惯。这些规则主要包括聚散、平衡(绝对平衡与相对平衡)、对称、韵律、秩序、对比及协调等。人们通常用传统的构成法则作为核心元素对界面的设计进行美观度评价。

**思考与练习**

1. 用三分法进行限时角色创意设计,理解角色特征和体验游戏角色的形成。
2. 熟悉一种 2D 作图工具,进行基本形态的绘制练习。
3. 熟悉一种 3D 作图工具(Maya 或 3ds Max),了解 3D 美术流程。

## 参考文献

［1］ Scott Rogers.力量——动画速写与角色设计[M].吴伟,译.北京：人民邮电出版社,2014.

［2］ 艾尔.塞克尔.视觉游戏[M].张蓓,洪芳,译.哈尔滨：北方文艺出版社,2011.

［3］ 朝仓直巳.艺术设计的平面构成[M].林征,林华,译.南京：江苏凤凰科学技术出版社,2018.

［4］ 于国瑞.三大构成(色彩构成＋平面构成＋立体构成)[M].北京：清华大学出版社,2012.

### 第 12 章

# 经典电子游戏

　　本章选择了电子游戏发展史上具有代表性的 45 款游戏作品,对它们的基本信息和核心玩法做了简单介绍。所选择的游戏作品强调创新性,侧重小游戏,可以拓展阅读者游戏思维。

　　在电子游戏发展史上,借助于人类无限的创新与创造力以及硬件和软件的发展,涌现了无数精彩的电子游戏作品。电子游戏打破传统游戏的精神,用不断创新的形式,为游戏注入活力,带给人们新的体验。

## 12.1　概述

　　电子游戏从出现至今,作品可以用海量形容,尤其是近几年,每年出现的新游戏都有上万款。基于创新对电子游戏带来的影响,本章选取电子游戏发展史上的部分代表作品进行介绍,这些游戏演绎了电子游戏的发展,也展示了科技与文化变革的过程。选择的这部分游戏大多是小游戏,易于理解,适合课堂教学。

## 12.2　经典电子游戏简析

　　本章选择电子游戏发展史上的 45 款经典作品,主要参考了托尼·莫特的《有生之年非玩不可的 1001 款游戏》《电子游戏大电影——带你领略游戏的发展史》《游戏的故事——揭秘电子游戏诞生史》以及《独立游戏大电影》等一些评选数据,介绍了游戏的一些基本信息、核心规则以及创新点。有的游戏系列作品,选择的是其中评价最好的,有的则是选择最早的作品,虽然不是系列中最好的,但是开启了某一类型、题材的先河,注重的是它的创新思想。

### 12.2.1　打乒乓

　　《打乒乓》(Pong!)游戏(见图 12-1)是一款抽象的电子版乒乓球游戏,游戏中玩家控制一个长方形球拍移动接球,同时要让对方不能接住。游戏的主要规则与乒乓球一样,简单易懂,强调技巧性的挡接。作为游戏史上第一款商业游戏,《打乒乓》游戏有里程碑,甚至鼻祖级别的地位,开创了现在千亿级美元的游戏市场。后来,基于《打乒乓》游戏衍生了众多游戏产品,包括《打砖块》游戏等。

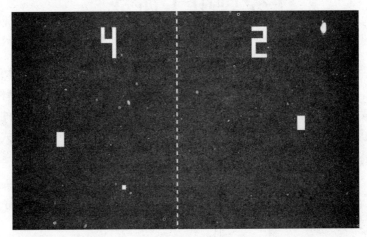

图 12-1　《打乒乓》(开发商:雅达利,1972 年首发,运行平台:多平台,游戏类型:体育休闲)

## 12.2.2　打砖块

《打砖块》(Breakout)游戏中,玩家控制画面下方的球拍使其左右移动,以反弹落下的小球,破坏画面上部的砖块,也称为动作游戏,其基本信息如图 12-2 所示。

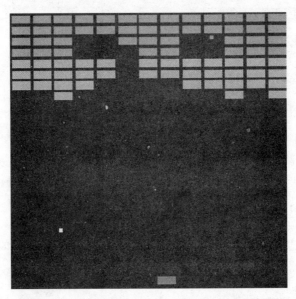

图 12-2　《打砖块》(开发商:雅达利,1976 年首发,运行平台:多平台,游戏类型:体育休闲)

屏幕中,砖块的上方已经提前预留出空间,如果小球纵向破坏砖块,让小球弹到砖块的上部空间,即可任其反弹并从上部进行破坏。也就是说,游戏初期玩家需要费尽心思反弹小球,而后期待小球进入到上部空间,则可轻松得分。相对于《打乒乓》,《打砖块》游戏增加了策略性因素。

《打砖块》游戏的主题是犯人破坏监狱墙壁后越狱,被称为射击游戏的前身。

### 12.2.3　太空侵略者

在电子游戏史上,《太空侵略者》(Space Invaders)游戏是一款经典之作,其基本信息如图 12-3 所示。游戏的基本操作简单,规则明了,玩家左右移动,按键射击,躲避敌人攻击,奠定了后世大量竖版飞行射击游戏的基础。游戏看似简单,但也有一定的技巧,如预测飞碟的出现以及在敌机群前找出最佳瞄准点和射击点等。直到今天,还有无数的版本出现。1979年,任天堂推出了类似的《Galaxian》游戏,在中国就是家喻户晓的 FC 小蜜蜂。

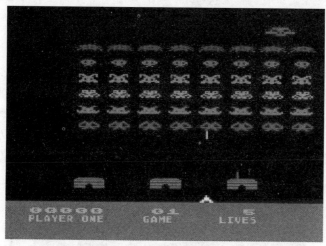

图 12-3　《太空侵略者》(开发商:Taito,1978 年首发,运行平台:街机,游戏类型:射击)

游戏开始时,敌机有序排列在屏幕上方,随着时间推进,左右移动的同时,向下移动,给了玩家时间上的压力。《太空侵略者》游戏可以理解为将打砖块中的砖块换成了外星人,静态变成了动态。

### 12.2.4　魔幻历险

早期被叫作 Adventure 的游戏有两个:一个是 William Crowther 和 Don Woods 在1977 年开发的游戏《洞窟大冒险》(Colossal Cave Adventure),是一个纯文本的文字冒险游戏,《洞窟大冒险》也是文字冒险类游戏的鼻祖,代表性地开创了 AVG 游戏,为后面的 RPG类游戏的剧情发展模式奠定了基础,后来人们将此类游戏称为冒险游戏的来源;另一个就是雅达利 1979 年在 Atari2600 上发行的《魔幻历险》(Adventure)游戏,其基本信息如

图 12-4 所示，被认为是《洞窟大冒险》的图形版本，译为《魔幻冒险》或《冒险》。

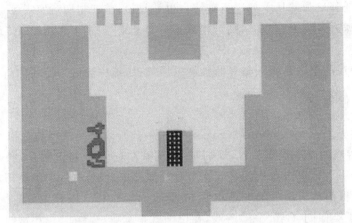

图 12-4 《魔幻历险》(开发商：雅达利，1979 年首发，运行平台：VCS，游戏类型：冒险)

## 12.2.5 吃豆人

《吃豆人》(Pac-Man)游戏是电子游戏史上知名度极高的作品，即使今天，在许多游戏平台也能玩到这款游戏，其基本信息如图 12-5 所示。游戏角色是一个张嘴的豆子造型，这个简单的吃豆人形象成了游戏界一个代表性的标志。角色造型的创意来源，据说是设计师看到一块被吃掉部分的比萨而获得灵感。游戏中吃豆人在迷宫路径中上下左右移动位置，躲避幽灵的追击，但吃到奖励后可以通过吞噬幽灵以反击，游戏的最终目标是吃掉场景中所有的豆子。

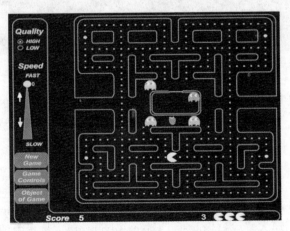

图 12-5 《吃豆人》(开发商：南梦宫，1980 年首发，运行平台：街机，游戏类型：迷宫)

《吃豆人》游戏也是电子游戏早期人工智能在游戏中应用的一个标志性案例，游戏中4 种怪物的追击路线和方式都不同，带给玩家无限的乐趣。

### 12.2.6　大金刚

《大金刚》(Donkey Kong)游戏是日本游戏设计大师宫本茂作品,其基本信息如图 12-6
所示。游戏中的一只大猩猩和一个水管工,为整个游戏界留下了一段神话。后来任天堂游
戏中的两位明星——大金刚和水管工马里奥就源于这里,只不过它当时的身份是木匠而已。
第一代游戏中玩家要操纵水管工去营救自己的女友,途中要躲避大金刚的滚筒,逐步攀登;
第二代换成大金刚宝宝去解救被水管工捉住的大金刚,玩法类似;第三代则是操纵水管工
组织大金刚攻击自己的温室。《大金刚》游戏为将来的《超级马里奥》游戏系列奠定了基础,
又因为水管工延续的后作——《超级马里奥》游戏而更加出名。

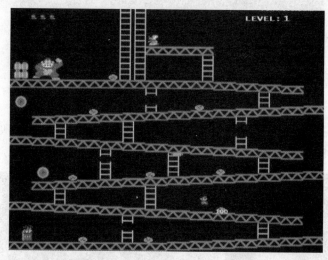

图 12-6　《大金刚》(开发商:任天堂,1981 年首发,运行平台:街机,游戏类型:平台动作游戏)

### 12.2.7　罗格

《罗格》(Rogue)是一款最早的地牢迷宫游戏,其基本信息如图 12-7 所示。游戏中玩家
要通过 25 层地牢找到一个项链,才能实现通关。游戏中地牢迷宫是随机生成的,其结构有
多种可能,成为游戏的主要特点。玩家要不断地探索每一个新关卡的地牢布局和面对的不
同怪物,因此难度较大。2009 年,《罗格》被游戏权威杂志《PC World》评为"史上最伟大的十
个游戏之一"。现在大家使用的 Roguelike 游戏,或称为类罗格游戏中的"罗格",就是指这
款游戏作品。

### 12.2.8　推箱子

《推箱子》(Sokoban)来源于日本的一个古老游戏,既简单又复杂,其基本信息如图 12-8
所示。最早推箱子游戏共有 306 个关卡,在游戏中玩家只需要将箱子移到指定地点即可,所
有的关卡都有着自身的方法和策略。不同于以往的游戏,推箱子有无限长的思考时间,这也

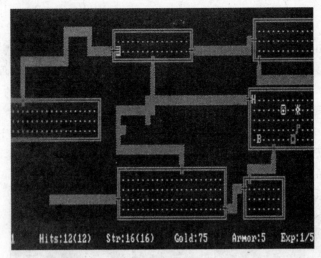

图 12-7 《罗格》(开发商：Michael toy,glenn wichman,ken arnold,1980 年首发，
运行平台：多平台,游戏类型：策略、角色扮演)

就使得推箱子本身拥有更强的智力元素。益智类游戏从此刮起了一阵风,席卷了游戏界,后来又出现了无数的推箱子类游戏。

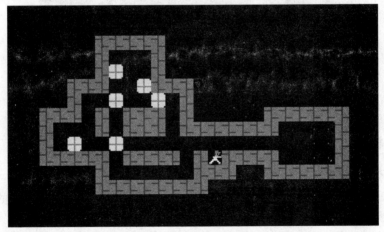

图 12-8 《推箱子》(开发商：今林宏行,1982 年首发,运行平台：多平台,游戏类型：益智)

## 12.2.9 铁板阵

1985 年秋,在东京大田区,一座隶属于南梦宫的新办公楼拔地而起,这座办公楼被业界人士称之为"铁板阵大楼"。之所以叫这个名字,是因为这座大楼的建造资金都是来源于《铁板阵》(Xevious)游戏的利润,《铁板阵》游戏的基本信息如图 12-9 所示。游戏的操作基本与《太空侵略者》游戏类似,如控制方向和攻击方式,但增加了高度概念,因此可以攻击地面物

体,而流畅的动作特效、热血的音乐及多样的敌人,更为游戏增色不少。《铁板阵》游戏在 FC 上发行后获得了巨大成功,也是最早使用卷轴背景的飞行射击类游戏之一。

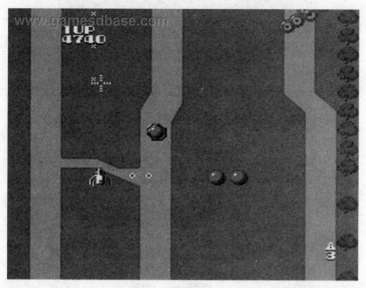

图 12-9　《铁板阵》(开发商:南梦宫(Namco),1982 年首发,运行平台:街机,游戏类型:射击)

## 12.2.10　星球大战

1983 年,雅达利公司将星战故事搬上了街机平台,以飞行格斗形式重现天行者卢克驾机炸毁帝国死星的壮举。《星球大战》(Star Wars)游戏是对之前射击游戏的革新作品,利用了当时最新的矢量图像技术并加入电影原作中的背景音效,因而大受欢迎,后来还被移植到了市面几乎所有的电子娱乐平台上,其基本信息如图 12-10 所示。次年,雅达利又相继推出了同属“星战三部曲”的《绝地归来》游戏和《帝国反击战》游戏。从 1977 年起陆续上映的正传三部曲,到世纪之交逐一登场的前传三部曲,这数十年间,《星球大战》系列电影及其衍生的游戏产品在娱乐界一直占据着难以撼动的卓越地位。

## 12.2.11　功夫小子

《功夫小子》(Yie Ar Kung-Fu)游戏虽然不是最早的格斗游戏,但说到早期格斗游戏的代表作以及对后来格斗游戏的影响,人们更愿意提到这款游戏,其基本信息如图 12-11 所示。

对于老一代的玩家,《功夫小子》游戏的旋律可以说无人不晓。这个极富中国特色的游戏,在当时是一个响当当的招牌。游戏中,玩家要扮演主人公 Oolong,与 11 位由易到难不同的对手一一对决。游戏有着丰富的攻击方式,游戏中玩家通过操纵杆盒拳脚按键的组合实现攻击,同时普及了“血量槽”的设定以取代生命点数,对后面的格斗游戏有着深远的影响。

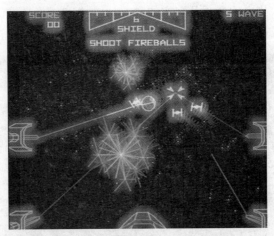

图 12-10 《星球大战》(开发商：雅达利,1983 年首发,运行平台：街机,游戏类型：射击)

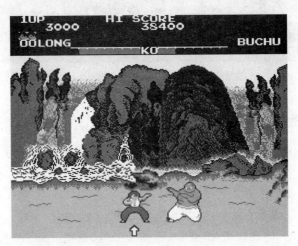

图 12-11 《功夫小子》(开发商：科乐美,1985 年首发,运行平台：街机,游戏类型：格斗)

### 12.2.12 超级马里奥兄弟

　　《超级马里奥兄弟》(Super Mario Bros)游戏是任天堂公司开发并于 1985 年出品的著名横版过关游戏,其基本信息如图 12-12 所示。游戏最早在红白机上推出,有多款后续作品,迄今多个版本合计销量已突破 5 亿套。游戏操作简便、画风优异、难度适中,玩家操作水管工马里奥,躲避机关障碍并避免被乌龟、刺猬、火龙等怪物伤害,最后救出被困的公主。

　　游戏的基本操作只有移动、跳跃和快跑,玩家需要组合这些操作以击败敌人和躲避机关。游戏中还有大量的隐藏通道和道具机关。这款游戏开创性地引入了不断向右拓展的卷轴地图,极大地增加了游戏的乐趣。在 2005 年 IGN(Imagine Games Network,现为全球最大的游戏娱乐媒体)的投票中,《超级马里奥兄弟》因其"先驱性"和"巨大的影响力"被选为史上最伟大的游戏。也正是因为它的横空出世,80 年代濒临崩溃的美国电子游戏市场得以起死回生。自从马里奥诞生,《超级马里奥兄弟》游戏几乎就等价于它的开发公司任天堂,系列游戏直到现在仍在开发续作。系列作品《马里奥奥德赛》更是获得了所有游戏评测媒体的一致好评(几乎全是满分评价),成了游戏史上最成功的游戏之一。

图 12-12　《超级马里奥兄弟》(开发商:任天堂,1985 年首发,运行平台:街机,游戏类型:平台动作)

## 12.2.13　俄罗斯方块

《俄罗斯方块》(Tetris)游戏是 20 世纪 80 年代末期至 20 世纪 90 年代初期风靡全世界的计算机游戏,被称为落下型益智游戏的始祖,为苏联首个在美国发布的娱乐软件,其基本信息如图 12-13 所示。

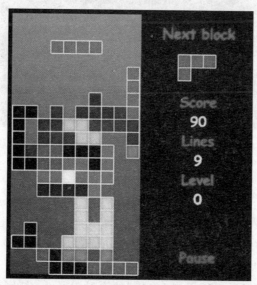

图 12-13　《俄罗斯方块》(创始人:阿列克谢·帕基特诺夫( Alexey Pajitnov),
1985 年首发,运行平台:各类游戏平台,游戏类型:益智)

游戏界面是一个用于摆放正方形的平面虚拟场地,以每个小正方形为单位,行宽10,列高20。游戏中以90°为单位旋转方块,以格子为单位左右移动方块,可以让方块加速落下,方块移到区域最下方或落到其他方块上无法移动时,就会固定在该处,新的方块出现在区域上方开始落下。一般来说,游戏还会提示下一个要落下的方块的形状。当区域中某一列横向格子全部由方块填满时,则该列会消失并成为玩家的得分。同时,删除的列数越多,得分越高,当固定的方块堆到区域最上方而无法消除层数时,游戏结束。

20世纪90年代是《俄罗斯方块》游戏在中国的辉煌时期,目前仍拥有一定的爱好者。部分游戏版本有单格方块,可穿透固定的方块到达最下层空位,其他改版中则出现更多特别的造型。《俄罗斯方块》游戏操作简单,容易上手,符合游戏特点。难度在于得分越高,玩家做出反应及操作的速度就要越快,同时,不断刷新高分记录也是吸引玩家的元素之一。

### 12.2.14　泡泡龙

《泡泡龙》(Bubble Bobble)游戏的角色是恐龙两兄弟巴布(Bub)和波步(Bob),目标是将屏幕上的敌人困进泡泡中并触碰它爆炸,干掉敌人,同时还可以变成可得的分数,其基本信息如图12-14所示。泡泡龙的续作就是更为知名的《彩虹岛》游戏,以及大量街机游戏作品。

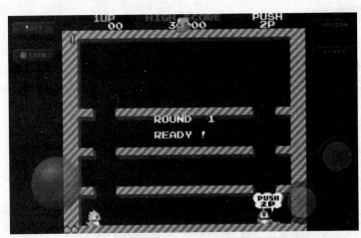

图12-14　《泡泡龙》(开发商:Taito,1986年首发,运行平台:街机,游戏类型:平台动作)

### 12.2.15　勇者斗恶龙

《勇者斗恶龙》(Dragon Quest)游戏系列是日本艾尼克斯(现为史克威尔艾尼克斯)研发的电子角色扮演游戏(RPG)系列,其作为游戏史上最畅销的长寿游戏系列之一,在日本具有"国民RPG"之称,其基本信息如图12-15所示。第一代发售于1986年5月,机种是FC。游戏的目的是扮演传说中的勇者"洛特"的血脉继承人,打倒妄图控制世界的龙王,顺道救出被掳走的公主。

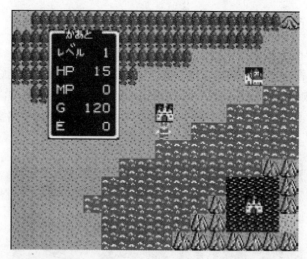

图 12-15　《勇者斗恶龙》(开发商：艾尼克斯，1986 年首发，运行平台：街机，游戏类型：角色扮演)

## 12.2.16　塞尔达传说

《塞尔达传说》(The Legend of Zelda)游戏是任天堂推出的动作角色扮演系列游戏，由宫本茂制作，其基本信息如图 12-16 所示。1986 年推出第一款，游戏地图被分成无数个独立单位，玩家要一个个通过这些迷宫，去探索海拉尔世界。每个地图都有入口、迷宫、敌人以及相应的奖励。《塞尔达传说》系列被玩家视为有史以来最具影响力的电玩游戏系列，和任天堂的《超级马里奥兄弟》和《银河战士(Metroid)》等知名系列并列为公司的招牌作品。

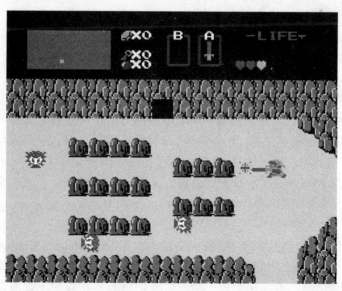

图 12-16　《塞尔达传说》(开发商：任天堂，1986 年首发，运行平台：NES，游戏类型：动作冒险)

### 12.2.17　模拟城市

1989年，无数个虚拟城市在硬盘中出现，Maxis开发的《模拟城市》(SimCity)游戏让无数从小玩积木、梦想着建设自己的城市的玩家终于拥有了机会。无设定好的目标、无胜利条件、无对手，玩家分数依赖于一系列城市属性，这款游戏成为一个全新的游戏类型，其基本信息如图12-17所示。强调建造和城市设计的游戏理念很快影响到策略类游戏，如《帝国时代》系列和《命令与征服》系列等都随后加入了建造的元素。

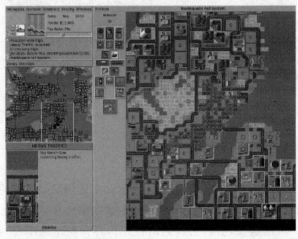

图12-17　《模拟城市》(开发商：Maxis，1989年首发，运行平台：多平台，游戏类型：策略)

### 12.2.18　扫雷

随着Windows 3.1的发布，《扫雷》(Minesweeper)游戏成了所有Windows系统必备的预装游戏，其基本信息如图12-18所示。游戏所需的对数字的快速反应，操作的灵敏，计时器对时间的控制，让玩家们即使到现在也会用这个游戏消遣。

这款游戏会在一个初、中、高级或自定义大小的方块矩阵中随机布置一定量的地雷。由玩家逐个翻开方块，安全方块显示的数字即表示周围方格中的地雷数。游戏以找出所有地雷为最终目标。如果玩家翻开的方块埋有地雷，则游戏结束。《扫雷》最原始的版本可以追溯到1973年一款名为Cube(方块)的游戏。不过直到微软公司的罗伯特·杜尔和卡特·约翰逊两位工程师在Windows 3.1系统上加载了该游戏，扫雷游戏才正式在全世界推广。

### 12.2.19　文明

《文明》(Civilization)游戏全称"席德·梅尔的文明(Sid Meier's Civilization)"，是由席德·梅尔在1991年为美国微文(Microprose)公司开发的4X概念体系的回合制策略计算机游戏，其基本信息如图12-19所示。这个游戏主要的目标是在陆地上发展出一个伟大的帝国。游戏自古代开始，玩家随世代演进尝试扩张及发展自己的帝国，直到现代及离现在不远

图 12-18　《扫雷》(开发商：微软，1989 年首发，运行平台：PC，游戏类型：益智)

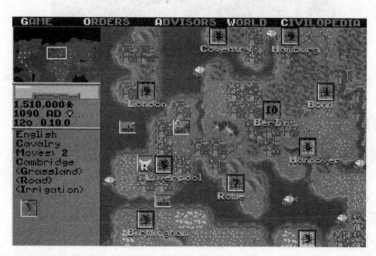

图 12-19　《文明》(开发商：Microprose Software，1991 年首发，运行平台：PC，游戏类型：策略)

的未来时代。《文明》游戏是所有回合制策略游戏用来衡量的基准，也是即时战略类型游戏的借鉴，被称为有史以来最优秀的策略游戏作品。

策略游戏现在已形成成熟的模式，它的 4 个基本要素(4X)，即探索(EXplore)、消灭(EXterminate)、开发(EXploit)、扩张(EXpand)在《文明》游戏中就已具备，策略游戏也成为 20 世纪 90 年代初期最成功的游戏类型之一，制作技巧使它成为后回合制策略游戏的典范。今天优秀的回合制策略游戏已很少，但在 20 世纪 90 年代早期到中期，它是最流行的游戏类型，且因为《文明》游戏的成功而达到顶点。

### 12.2.20　梦幻弹球

弹球游戏是很多人儿时相伴的游戏。曾经 Windows 内建的三维弹球也是无数人计算机课的美好回忆，而其出处正是这款《梦幻弹球》(Pinball Dreams)游戏，其基本信息如图 12-20 所示。游戏将老式街机厅和酒吧配备的弹球游戏桌搬上了银幕，配以各式各样的主题，让 20 世纪 90 年代的人们回忆 60 年代，又让现代的游戏用户回忆 90 年代。

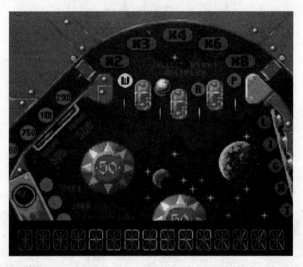

图 12-20　《梦幻弹球》(开发商：Digital Illusions ce,1992 年首发,运行平台：多平台,游戏类型：桌上弹球)

### 12.2.21　刺猬索尼克

《刺猬索尼克》(Sonic the Hedgehog)系列是日本世嘉公司极受欢迎的电玩游戏,其基本信息如图 12-21 所示。主人公索尼克作为世界上最具知名度的刺猬,从一诞生就凭借其可爱的造型和无可比拟的"吃币"速度风靡全球。以刺猬索尼克为主人公的电子游戏曾在多个平台发表,累计销量已经超过了 3500 万套。从 1991 年到现在,刺猬索尼克系列依旧是游戏史上最受欢迎的系列之一。

Sonic,英文是音速之意,用 Sonic 给这只刺猬命名,意味着这个游戏就是不停地快速运动。在快节奏的游戏当中,做出大量的操作,体验巅峰操作的极限感,这是竞速游戏的精髓。

### 12.2.22　失落的维京人

《失落的维京人》(The Lost Vikings)游戏讲的是 3 个维京人被妖怪 Tomator 抢走后,为了返回家园而进行的历险故事。3 个维京人各自有不同的特殊能力,玩家要操控他们密切配合,才能够完成通关。游戏共有 37 关之多,画面生动有趣,机关构思精巧,音效也不错。《失落的维京人》游戏是暴雪公司早期的重要代表作,曾被评为 1993 年年度最佳动作游戏,其基本信息如图 12-22 所示。

图 12-21　《刺猬索尼克》（开发商：Sonic Team，1993 年首发，运行平台：Sega CD，游戏类型：平台动作）

图 12-22　《失落的维京人》（开发商：暴雪娱乐公司，1993 年首发，运行平台：SFC、GBA，游戏类型：益智）

## 12.2.23　沙丘 2

Westwood 在 1993 年制作的《沙丘 2》（Dune Ⅱ）是第一部计算机即时战略游戏，为之后优秀的即时战略产品做了奠基，让此类游戏成为热门计算机游戏类型之一，其基本信息如图 12-23 所示。设计师艾伦和迈克就是在完全洞悉了《沙丘 2》游戏优缺点的基础上，基于对它的模仿，设计开发出了世纪之作《魔兽争霸》游戏，它的原创性对于《魔兽争霸Ⅱ》等游戏的影响，得到行内的公认，让即时战略类型流行成为正统。自此，一个新的游戏模式风靡全球。

图 12-23 《沙丘 2》(开发商：Westwood Studios,1993 年首发，
运行平台：多平台,游戏类型：即时战略)

### 12.2.24 神秘岛

1993 年,Myst Cyan 公司推出了一款图形解谜游戏,即第一代《神秘岛》(Myst),其基本信息如图 12-24 所示,后来推出了第二代《神秘岛：星空断层》及第三代《神秘岛Ⅲ：放逐》系列作品。

图 12-24 《神秘岛》(开发商：Cyan,1993 年首发,运行平台：Mac OS,游戏类型：冒险解谜)

《神秘岛》游戏是有史以来最具影响力的游戏之一,在计算机游戏历史上的地位等同于《Doom》等经典作品,公众关注远超其他任何游戏,是一部里程碑式的作品,且一直是成功的典范。游戏强调探索和剧情的思考,在当时相对于其他的主流游戏作品,风格有着明显的不同。

## 12.2.25　毁灭战士

《毁灭战士》(Doom)游戏共享版发行量突破两千万套,同期 Windows 装机量约 2700 万套。《DOOM》的热潮席卷全球,成为 PC 游戏史上光辉的传奇之作,其基本信息如图 12-25 所示。之后,id Software 又推出了《雷神之锤(Quake)》,在其引擎基础上诞生了一大批绝世经典。《半条命》以及在此基础上的《反恐精英》、id Software 早期游戏《德军总部 3D》续作《重返德军总部》,id Software 的技术铸就了整个 FPS 帝国。

图 12-25　《毁灭战士》(开发商:id Software,1993 年首发,运行平台:多平台,游戏类型:第一人称射击)

## 12.2.26　魔法泡泡龙

《魔法泡泡龙》(Puzzle Bobble)游戏是一款广为人知的益智休闲游戏。游戏以关卡的方式进行,每一关各有不同数目及颜色的泡泡以各种排列方式黏在上方,玩家必须控制下边投出泡泡的方向,使得任何 3 个同颜色的泡泡相黏以消去。当上方所有的泡泡都消失时,即过关,其基本信息如图 12-26 所示。受《魔法泡泡龙》的影响,后来出现了多种类似的消除类游戏。

## 12.2.27　啪啦啪啦啪

《啪啦啪啦啪》(Parappa the Rapper)游戏是 PS 发售初期销量最高的音乐游戏,更是音乐游戏类型的开山鼻祖,其基本信息如图 12-27 所示。游戏讲述一只名叫啪啦啪(Parapa)的嘻哈狗想要获得好友 Suny Funy 的芳心,游戏中玩家通过屏幕上的提示和音乐节奏通关。游戏艺术风格由艺术家罗德尼·格林布拉特设计。《啪啦啪啦啪》此后又出了多款后续作品,对后来的音乐节奏游戏产生了重要影响。

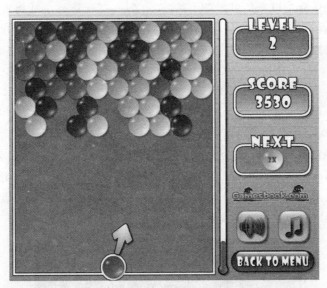

图 12-26  《魔法泡泡龙》(开发商：Taito，1994 年首发，平台：多平台，游戏类型：益智)

图 12-27  《啪啦啪啦啪》(开发商：七音社，1996 年首发，运行平台：PS1，游戏类型：解密游戏)

## 12.2.28  GT 赛车

GT 是 Gran Turismo 的缩写，这一词源于 20 世纪 60 年代，当时汽车机械耐用度不够，车辆的长途高速巡航能力不足，一些高性能跑车领域的车厂，在推出新款轿跑车时，常常打着 Grand Touring 的旗号，标榜该型车辆拥有高度耐用性。

《GT 赛车》得到了法拉利等世界知名汽车制造商、零配件制造商及专业汽车赛事的授权，收录了超过 50 条赛道、1000 款车型，且游戏中每一辆车的外观、发动机声音和性能都完全根据从真车采集的数据制作，体现了每一辆车的细节差异，其基本信息如图 12-28 所示。作为赛车游戏的代表作，《GT 赛车》迄今为止已推出了多款系列作品。

图 12-28　《GT 赛车》(开发商：Polyphony Digital,1997 年首发,运行平台：PS1,游戏类型：驾驶)

## 12.2.29　贪吃蛇

在《贪吃蛇》(Snake)游戏中,玩家需要控制一条贪吃的蛇去吃点,每吃一次,蛇都会变长一点,并且要避免"碰壁"或吃到自己的身体,其基本信息如图 12-29 所示。所以玩家需要靠如何在不碰到身体的前提下尽量多地吃点。玩家只需要控制蛇头的方向,吃到目标物,即可获得积分。

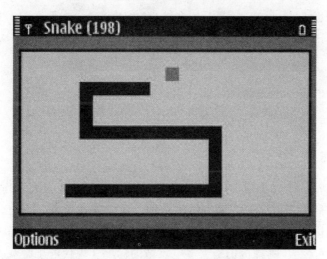

图 12-29　《贪吃蛇》(开发商：七音社,1997 年首发,运行平台：多平台,游戏类型：益智)

在早些年的塞班手机上大都会预装一个贪吃蛇,利用这样的平台,《贪吃蛇》以其独有的简洁和消遣性名垂青史。随着蛇身的增长和蛇移动速度的加快,游戏也变得越来越难。《贪吃蛇》也是一款不过时的游戏,近几年基于它核心玩法的新版本,依然深受欢迎。

### 12.2.30 侠盗猎车手

1997 年 11 月,《侠盗猎车手》(Grand Theft Auto)系列中的第一代在 PC 平台上诞生,它是一款以 2D 俯视视角进行的游戏,玩家扮演一街头小流氓从事犯罪活动,内容主要涉及暴力、黑帮争斗、抢夺地盘和枪战等,其基本信息如图 12-30 所示。游戏中某些刺激性情节引发了巨大的争议。不少政府由于担心"越轨内容"会影响到青少年的身心健康而全面禁售该游戏光盘。而支持者称,这不过是一部细节丰富、充满挑战的黑帮版《疯狂弹球》。《侠盗猎车手》这款游戏融合了射击、动作、跑酷、竞速、交易、谈话、扮演等许多游戏类型的元素,这将是未来商业大作的发展方向之一,即游戏模式的集成、沙盒、自由探索并重。

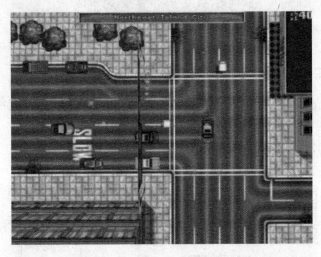

图 12-30 《侠盗猎车》(开发商:Rockstar North,1997 年首发,
运行平台:多平台,游戏类型:第三人称动作射击)

### 12.2.31 劲舞革命

《劲舞革命》(Dance Dance Revolution)诞生于日本节奏游戏的大爆炸时期,由 Konami 旗下的 Bemani 音乐游戏小组开发,随后风靡全球。玩家踩上舞毯,让自己的舞步跟上音乐节奏引出的指示标记,游戏对玩家节奏的准确性进行评分,共分为 3 个等级,其基本信息如图 12-31 所示。直到今天,跳舞机仍是大多电玩城的标配。现代电子游戏史上,还没几款作品能把游戏互动性浓缩到上、下、左、右 4 个简单的方向键中,也没哪款游戏是靠玩家的双脚完成的。

### 12.2.32 书虫大冒险

《书虫大冒险》(Bookworm Adventures)是一个找单词游戏。游戏中,玩家需要从一系列随机排列的字母砖中尽量拼出最长的单词,而且只能使用相邻的两个字母,单词越长得分

图 12-31　《劲舞革命》(开发商：科乐美，1998 年首发，运行平台：多平台，游戏类型：音乐)

越高，其基本信息如图 12-32 所示。PopCap 公司开发的《书虫大冒险》证明，简单的找单词游戏也可以充满乐趣，当然，游戏也得益于搞怪的卡通视效和可爱的音效。后来，PopCap公司发布了名为《书虫大冒险》的续作。

图 12-32　《书虫大冒险》(开发商：宝开游戏，2003 年首发，运行平台：多平台，游戏类型：益智)

## 12.2.33　宝石迷阵 2

《宝石迷阵》是一款简单的"三连消"益智游戏，而诞生于 2004 年的《宝石迷阵 2》(Bejeweled 2)被称为该系列游戏中最优秀的一款。《宝石迷阵 2》除了基本的经典模式、动作模式、解谜模式和无尽模式之外，玩家还可以通过闯关解锁其他全新模式，如扭转地球引力的"暮光模式"等。作为一款小游戏，《宝石迷阵 2》玩家涵盖了男、女、老、幼各群体，出口达数百万份,其基本信息如图 12-33 所示。

图 12-33 《宝石迷阵 2》(开发商:宝开游戏,2004 年首发,运行平台:多平台,游戏类型:益智)

## 12.2.34 反恐精英:起源

《反恐精英:起源》(Counter-Strike:Source)是对原版《反恐精英》的彻底重制,Valve 公司是在为《半条命 2》革新它的 Source 游戏引擎,并在建立一个名为 Steam 的数字下载平台时推出这款大型多人射击游戏,其基本信息如图 12-34 所示。游戏方式如同前作,一队扮演反恐部队,一队扮演恐怖分子,在每一轮交战中彼此试图完成地图上的指定目标,或者通过

图 12-34 《反恐精英:起源》(开发商:Sierra Entertainment,1999 年首发,
运行平台:多平台,游戏类型:第一人称射击)

击毙对手所有成员取得胜利。两个阵营拥有不同的武器体系,每一种枪都有自己的特色性能,而后坐力的体验、枪械的打击感和操作感都是前所未有的。玩家除了技术之外,还需要有经济头脑支配钱币用以购买下一局的装备。玩家和其他玩家在平台上进行小组对战,除了技术,还需要关注团队配合、资源分配和战术引导等十分新颖的元素。后来的电竞行业兴起,《反恐精英》一度成为全球最重要的三大赛事之一。

网吧刚流行时,《反恐精英:起源》是当时玩家玩的最主要的一个游戏。时至今日,《反恐精英》系列早已成了对战游戏中无人能敌的经典。

## 12.2.35 音乐方块

《音乐方块》(Lumines)是 Sega 前卫制作人水口哲也的一款方块游戏作品,其根本理念与《俄罗斯方块》相同,但更前卫、休闲,也充满音乐元素。玩家可一边消除方块,一边享受独特的背景音乐,音乐不是单纯播放而是演算式的,本身并不固定,随着玩家玩方块时的状态而改变,游戏背景就像一个千变万化的舞厅,其基本信息如图 12-35 所示。

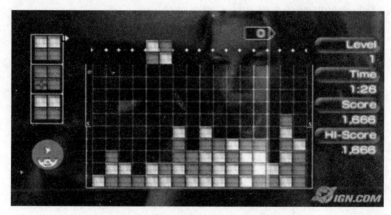

图 12-35 《音乐方块》(开发商:Q 娱乐,2004 年首发,运行平台:PSP,游戏类型:益智)

## 12.2.36 川岛教授的脑力训练

《川岛教授的脑力训练》(Dr Kawashima's Brain Training)改编自日本知名神经学家川岛教授的畅销书。游戏中有各种简单的数学谜题、阅读理解和其他趣味测试,为玩家提供了一次脑力锻炼大赛。游戏上手简单,通过规律性训练来测验、刺激你的大脑,让玩家保持灵活的思维,甚至还能为你的大脑年龄绘制出示意图,其基本信息如图 12-36 所示。

## 12.2.37 数回

《数回》(Slitherlink)是日本 Nikoli 公司继《数独》之后,设计的又一款独步全球的益智游戏,其基本信息如图 12-37 所示。在《数回》里,要把棋盘上一个个的点用一条线连起来,形成一个密闭的环路。格子里分布着一些数字,根据游戏要求,这些数字四周的线段数量必

图 12-36 《川岛教授的脑力训练》(开发商：任天堂，2005 年首发，运行平台：DS，游戏类型：益智/策略)

须与该数字的值相同。很多玩家花费了 70～100 小时去完成所有的谜题，它也成为有史以来最有趣、最容易上瘾的既简单又复杂的逻辑解谜游戏之一。

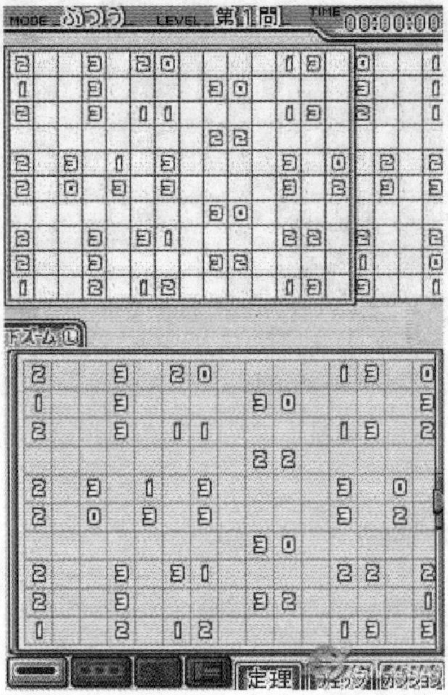

图 12-37 《数回》(开发商：Hudson Soft，2006 年首发，运行平台：DS，游戏类型：益智)

### 12.2.38 艺术系列：万有引力

《艺术系列：万有引力》(Art Style：Orbient)游戏是 12 款 Art Style 系列游戏的首作，其基本信息如图 12-38 所示。游戏没有剧情，音乐和画面也是极简风格，而背景就是太空和星系。玩家需要做的就是控制小星球吞噬其他星体，最后捕获目标行星。操作只用到两个键：吸引和排斥。玩家并不能直接控制主星体的运动轨迹，只能通过与其他星球间的吸引或排斥偏转。随着游戏的推进，会出现不同种类的陨石、黑洞，玩法也丰富了许多。在熟悉操作之后，还可以利用引力、斥力、离心力、力的叠加、相互作用和惯性等多种方式控制主星体的轨迹此时就会体会到该游戏的精妙之处。

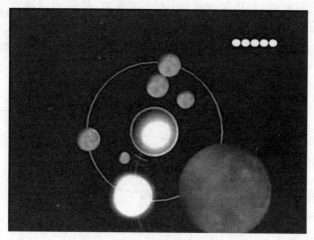

图 12-38　《艺术系列：万有引力》（开发商：Skip ltd，2006 年首发，运行平台：多平台，游戏类型：益智）

## 12.2.39　战神的挑战

　　《战神的挑战》（Puzzle Quest）游戏是在消除类游戏中加入了简单的 RPG 元素，被称为套上了一层角色扮演游戏外衣的消除游戏，其基本信息如图 12-39 所示。在游戏中，玩家需要选择一个角色去探索世界，接一些任务，用消除方块的形式打怪，以获取经验升级，或解锁新技能和法术。《战神的挑战》是一种创新，这种类型的游戏引起了大家的兴趣，此后也出现了多个类似的游戏版本。

图 12-39　《战神的挑战》（开发商：无限互动，2007 年首发，运行平台：多平台，游戏类型：益智/角色扮演）

### 12.2.40 无限回廊

《无限回廊》(Echorome)是一个利用人视错觉的游戏,游戏中玩家操作一个木头人偶,旋转画面,使沟壑在视觉上无法看见,从而让主角可以四处搜集标记,其基本信息如图12-40所示。黑白框线画面、提琴背景音、木头人设定,最简约的视觉呈现加上最奇思妙想的谜题构造使得这部作品成为经典,极具创新与趣味性。6年后,一部名为《纪念碑谷》的手机端作品大热,使玩家们又不禁回味起当年那只在单色的几何世界里跳来跳去的木偶。

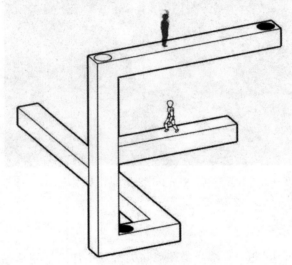

图 12-40 《无限回廊》(开发商:索尼,2008 年首发,运行平台:多平台,游戏类型:益智)

### 12.2.41 粘粘世界

《粘粘世界》(World of Goo)是由两位独立游戏开发者完成的一款赢得全世界盛赞的智力游戏,其基本信息如图12-41所示。游戏的主题是建造,是具有较高自由度的基于想象力的玩法,游戏中玩家利用叫作"粘粘(Goo)"的不同种类的球状生物的粘性把它们堆在一起,建成塔或桥之类的建筑,并引导"粘粘"抵达一个会把它们像吸尘器一样吸走的管道处。游戏分为夏天、秋天、冬天、空间和春天5个章节,分别代表了人类发展的5个阶段——石器时代、工业时代、后现代、未来、毁灭。每个章节又细分为多个小关卡,每个小关卡都暗含了一个故事,都是在暗示大发展环境下的一些人物小事。

### 12.2.42 Drop7

《Drop7》是一款 iOS/Android 平台上的益智消除游戏,界面简洁,玩法结合了俄罗斯方块游戏和数独游戏的特点,其基本信息如图12-42所示。游戏中要将横向或竖向的圆球数等于圆球本身的数字,就可以消除掉,消除圆球可以获得加分,直到整个页面无法消除为止。

图 12-41　《粘粘世界》(开发商：平面小子，2008 年首发，运行平台：多平台，游戏类型：解密游戏)

图 12-42　《Drop7》(开发商：Arcal/Code，2008 年首发，运行平台：PC,Iphone,游戏类型：解密游戏)

玩家将屏幕上方出现标有数字的小球拖进屏幕中，与小球中数字相应数量的几个小球排成行或者列，如 2 个写有 2,3 个写有 3,就会炸掉，会有连锁反应，得分成倍，会有一些数字藏在壳里的小球，一步步将球炸开。看不到的数字小球会一直积累下去，超出竖行总长度时，游戏结束。

## 12.2.43　屋顶狂奔

《屋顶狂奔》(Canabalt)是一款操控很简单的跳跃游戏，由设计师 Adam Saltsman 在一周内完成,其基本信息如图 12-43 所示。游戏中,玩家点击屏幕控制主角跳起,并控制好跳跃力度尽量避开一路上的障碍,不要掉下楼,看最后能跑多远。《屋顶狂奔》起初是一款热门的免费 Flash 游戏,后来拓展到了多个平台。游戏要求玩家在末日下孤身狂奔,唯一的任务就是向前奔跑,避开危险。游戏极简、快速、刺激,体现了休闲游戏的精髓。

图 12-43 《屋顶狂奔》(开发商:Semi Secret,2009 年首发,运行平台:多平台,游戏类型:冒险)

## 12.2.44 我的世界

《我的世界》(Mine Craft)游戏由瑞典游戏设计师马库斯·佩尔森完成,也被列入独立游戏,曾创下单日获利 26 万欧元的纪录。游戏有极高的自由度,沙盒的世界、自由的探索、玩法的随意及像素几何风格的使用使得游戏在搭建上灵活简单,其基本信息如图 12-44 所示。

图 12-44 《我的世界》(开发商:Mojang Specifications,2011 年首发,运行平台:PC,游戏类型:沙盒类)

　　马库斯·佩尔森的这款游戏从多个游戏获得灵感。游戏中没有指引、没有关卡、没有固定的目标和剧情，也没有教程。游戏将探索、生存和乐高积木般的建筑元素混搭，玩家在这个无尽的世界里不断探索，通过积木的组合与拼凑，从小房屋到地标性建筑，再到一个城市，搜集资源，挖掘隧道，结合想象力可以修建一切事物，包括空中、地底都市都能实现。玩家甚至在游戏中可以搭建一座早期的 16 位计算机，加上联机系统，有的服务器上甚至有上百人的团队在里面合作搭建宏伟的建筑工程。

## 12.2.45　旅途

　　《旅途》(Journey)游戏又译为《风之旅人》，由华人陈星汉参与设计并监制，创意基于他此前做过的另外两款游戏《云》和《流》，其基本信息如图 12-45 所示。《旅途》是在《电子游戏发展史》和《有生之年非玩不可的 1001 款游戏》中唯一入选的中国人的作品。《旅途》创意的出发点是想改变大多数角色扮演游戏中打怪升级的惯用模式，由此开启一种新的游戏类型，后来有人将这种游戏称为禅游戏。

图 12-45　《旅途》(开发商：Thatgamecompany，2012 年首发，运行平台：PSN、PS3 和 PS4 等，
游戏类型：禅游戏)

　　《风之旅人》中玩家扮演一名无名的寂寞旅者，自沙漠开始冒险，翻越高山、桥梁，不断寻找、唤醒旅途中所遇到的碑文，以此加强自己的飞行能力。旅者的目标是远方的山，山上有一道光，直通天际，旅者认为那里是圣人的所在地，为了朝圣踏上了旅途。玩家可能会遇到其他相同的无名旅者，他们都是正在这个世界中徘徊的玩家，玩家之间无法沟通，游戏中没有设置文字或语音聊天系统。线上模式是基于现实中的距离来匹配的，系统会把距离近的双方匹配到一起，如果玩家离开了对方，系统就会让玩家与其他人匹配。一个场景内，最多只支持两个人同时参与。

**思考与练习**

　　什么样的游戏能够称为经典？

## 参考文献

［1］ 托尼·莫特.有生之年非玩不可的 1001 款游戏［M］.陈功,尹航,译.北京：中央编译出版社,2013.

［2］ 李茂.2016 中国独立游戏发展报告.中国游戏产业发展报告（2017）［C］.北京：社会科学文献出版社,
　　　2017,38-53.

［3］ Variance film 电子游戏大电影——带你领略游戏的发展史［EB/OL］,http://www. iqiyi. com/ v_
　　　19rrmkivp4. html.

［4］ 游久网.游戏的故事——揭秘电子游戏诞生史［EB/OL］. http://v. baidu. com.

［5］ Blink Works 独立游戏大电影［EB/OL］. https://www. bilibili. com/video/av2915301.

### 第 13 章

# 游　戏　化

本章将介绍把游戏的核心元素用于非游戏领域的游戏化应用,包括游戏化的核心元素、游戏化实例等。

对于大多数游戏玩家而言,可能都有类似的经历,如果计划晚上睡觉前玩 30 分钟游戏,其结果很可能是玩了一个小时;而如果是计划学习一个小时,最后可能是不到一小时就结束了。游戏的吸引力如此大,人们为何对游戏如此痴迷? 游戏的哪些元素是其魅力所在? 这些元素是否可以合理利用在其他领域,从而改变人们的兴趣,提高工作效率呢? 这就是我们探讨游戏化的意义。

近年来,国内外很多领域都在讨论"游戏化(Gamification)"的概念,如游戏化管理、游戏化学习和游戏化工作等。即便国内一些收视率较高的电视娱乐节目,也有一些融入了游戏元素,有些甚至就是游戏现场,它们受到了观众的喜欢,说明人们喜欢这种方式,或者说喜欢这些游戏的元素。2014 年春季《爸爸去哪儿》电影的热播,引起了许多人士的批评,他们认为其不具备好电影的基本品质,却有较高的票房。然而,如果从游戏的角度来看这部短时间内完成的电影作品,或许有不同的解读:整部电影具有游戏的基本特点,电影角色有总的目标,每对父子(女)最终要拿到参加化装舞会的入场券这个目标,需要一步步完成阶段的任务,类似游戏的闯关,每成功完成一个任务就会获得一个卡片,当集够 5 个,就自然获得了这个资格,游戏玩家非常熟悉这种模式。

几年前,谈到界面设计时,更多提到的是"界面友好型"或者"人性化"设计的概念,而现在更乐意使用"游戏化"这个词。如果说游戏设计是游戏专业或从事游戏相关领域才会涉及的问题,那么游戏化是不管从事任何行业的工作,尤其是将来,可能都会面对和思考的问题。

## 13.1　什么是游戏化

最早的游戏化概念是在 1980 年由多人在线游戏先驱理查德·巴特尔提出,指把不是游戏的工作变成游戏,后来被英国游戏开发人员尼克·培林明确化,到 2010 年,游戏化一词被广泛应用,并被称为是最新的经营理念。

要理解游戏化,就要真正理解游戏以及它的主要特征,因此,理解游戏是游戏化的基础。

游戏化就是泛指在非游戏环境下对这些游戏元素的设计运用,利用动机心理学的相关知识来解决问题。美国游戏化应用专家 Brian Burke 对游戏化的定义是:使用游戏机制和游戏化体验设计,数字化地鼓舞和激励人们实现自己的目标。

游戏化是新媒体时代的特点,对于在电子游戏环境中成长起来的年轻一代,对于游戏的热爱是发自内心的,他们习惯于用游戏的方式来面对挑战。在互联网时代,无论个人或团队,都已经习惯于用新时代的方式和语言来解决问题,实现自己的目标。游戏化能够提升人的幸福感,从而使人们能够集中精力、乐观向上、主动地做自己享受的事情,构建更美好的现实社会,从而实现改变行为、发展技能和驱动创新的目标。

对于游戏化的理解与实施,也存在不同的观点和看法。但游戏化不等于游戏,它的参与模式、激励框架以及目标和意义都不同,这是明确的。

## 13.2　游戏化的核心元素

美国游戏化研究专家丹尼尔·平克归纳了精神激励机制应具备的 3 个基本要素是自主、专精和目标。用户希望能够自己掌握自己的生活,也渴望在一些具体领域能够获得持续的进步,以致精通,并实现自己的目标。而作为游戏化的核心要素,简·麦格尼格尔强调的点数、徽章和排行榜,则是被广泛认可和应用的核心机制。

### 13.2.1　点数

点数是游戏中对于玩家完成任务挑战后最基本、最及时的一种持续反馈方式,也体现了玩家在游戏中的进程。通过不同的点数也可以将玩家划分为不同的等级。点数在游戏进程和外在奖励之间建立了联系,成为对外显示用户成就的方式。点数的具体表现形式,可以是游戏中的分数,也可以是血量、经验值等。

生活中常用分数的方式来作为一个人工作、学习的综合反馈。将一个人工作学习的各个方面用不同的分值来衡量,进行量化,这就是点数的体现。

### 13.2.2　徽章

在游戏中获得的点数级别上的差异,可以通过拥有不同徽章的方式来体现。徽章是等级的一种外在体现,意味着玩家在游戏中的进步和完成挑战任务的程度。凯文·韦巴赫认为徽章的意义在于为玩家提供了努力的方向和一定的指示,传递了玩家关心什么、现在如何的信号,同时也是虚拟身份的象征和作为团体的一种标记物,徽章示意图如图 13-1 所示。

因此,徽章同样给予人们身份感和荣誉感,成为一种持续努力的驱动力。徽章也可理解为一种标志,体现一种等级差别。生活中的徽章也随处可见,如制服的肩章等。

图 13-1 徽章示意图

### 13.2.3 排行榜

游戏中的排行榜是游戏进程的另一种表现,体现了游戏玩家所达到的一种状态和在游戏中任务的完成情况,也包括了与其他玩家相比所处的位置(见图 13-2)。因此,排行榜的使用可以对玩家产生一定的激励作用,给处于排行榜前列的玩家以荣誉感。排行榜是等级系统的一部分,也是一种奖励的方式和完成挑战的反馈。有行业就有排行,有江湖就有排名,除游戏外,排行榜也被广泛应用于其他领域,如公司的业绩管理、学校的教学活动以及各类比赛等。

图 13-2 游戏中的排行榜

# 13.3 如何游戏化

游戏化的终极目标是激励用户乐于参与,以更有效的方式达成目标,强调的是从精神和情感层面去激励。结合游戏的特征和机制,有多种方法可以运用。

## 13.3.1 明确目标和任务

在游戏中,玩家都会有一个非常明确的想要达到的最终目标,以及在达到这个目标过程中的阶段目标和任务序列。因此,架构一套清晰的目标任务极为重要,并且要做到目的简单明了,具体可行,玩家在内心设定下目标后才有动力实现。玩家要清楚地了解自己应该达成什么,而且要觉得自己有机会达成。以教学为例,在教学活动中,学生往往会因为教学考核时间相对较远,而缺乏积极性。在达到一个总的目标的过程中,缺乏阶段性的任务和挑战,如以前一些学科成绩考核主要以期末考试为主的这种情况,就会造成学生平时学习积极性不高,期末突击的情形。

有时候没有实现目标,不是因为目标不够有吸引力,而是实现目标的路径太过漫长,清晰地设计出实现目标的路径是游戏化的功能之一。将最终目标分解成易于实现的阶段性任务,从情感层面鼓励用户去逐步晋级,从而最终实现。

## 13.3.2 提供难度选择

对学生设置的课堂、课外练习和考核方式,如果能够做到让学生有选择的空间,往往能够增加学生的兴趣和积极性。任务可选但做到公平,不同的选择对应相应分值,是考虑到学生的差异性。尤其是一些具有挑战性的任务,也会激发一些潜力较好学生的积极性。如果需要完成的事是一件普通的事情,就需要从更有意义的层面去吸引参与者,给他们设置不断晋级的机会,从情感层面鼓励他们达到最后的目标。

## 13.3.3 给予及时反馈

玩家在游戏中的任何行为都会得到一个及时的反馈,这是游戏具有吸引力的重要因素之一,也是进行游戏化非常值得借鉴的地方。在学习和工作中,如果没有对完成任务的行为做出及时的反馈,往往会挫伤参与者的积极性,使他们失去热情。可以将学生在课堂上、学术活动中的积极表现给予及时反馈,如给予一定的分值,作为课程考核的部分等。作为反馈的重要形式,游戏化是以有意义的方式进行奖励,并优先考虑精神奖励机制,而不仅仅是物质奖励,这是游戏化的终极目标。

在游戏中得到的反馈使积分升高、排名上升和武器升级等,这些都是虚拟化的反馈。在游戏化中,需要提供实际意义上的反馈,如果一名雇员积分升高,意味着他业绩的提升,而业绩提升需要有实际意义的反馈。同时,反馈也可以变化的方式给予,改变固定不变的给予方式,可以带来意外和惊喜。可以多设置一些不同的任务,不同任务对应的奖励不确定,而且重要的奖励不一定给予最困难的任务。

## 13.3.4　设置协作和交流

人通过社会交往学习,依靠群体的力量构建知识体系。理查德·巴特尔将游戏玩家分为成就型、杀手型、探险型和社交型 4 种类型,得到广泛认可。社交型玩家享受与他人的互动,在团队以及虚拟社区中强化自己的社会存在感。在团队任务中如果任何人的贡献都是有意义的,都能够得到队友的肯定,即使是一些枯燥乏味的任务,成员也乐于去完成。在教学活动中,这部分人群依然具有这样的特点,对缺乏团队形式、缺乏交流的课堂教学活动很难产生兴趣。许多研究结果表明,与他人共同讨论、一起参与解决问题的活动、一起参加课程项目等活动的学生总能从中收获诸多好处。团队协作的方式总是容易给他们的学习生活留下深刻记忆。以四川大学软件学院为例,近几年的教学工作在学生评教活动中都获得了学生的良好反馈,在具体的教学过程中,有的老师将课外作业设置为不同难度,学生可以根据自身具体情况进行选择,也相应有不同的分值,即做到任务可选;既有总的任务,也有阶段性任务,注重对学生平时的考核等,都是一些游戏化的设计。

## 13.3.5　整合内外动机

从心理学的角度来看,人们做一件事有内在动机和外在动机。内在动机是一种发自内心想做某件事的愿望,是被渴望驱使的动机。而外在动机是来自于外部的因素,不管愿不愿意,都必须做的事情,如一些工作或学习的任务。

这两种动机理论分别是行为主义理论和自我决定理论心理学。行为主义理论强调的是人只是被动的应对外部的刺激,而自我决定理论专注于人类本身的发展趋势——内在的需求。自我决定理论将人们的内在动机产生的需求分为能力、需求和自主 3 类需求,能够满足人们的这 3 种核心需求的活动更容易带来趣味性和吸引力,从心理学的角度,这就是游戏化要做的事。

在学习、工作上,每个人都有积极上进的愿望,在具备内在动机的基础上,需要给予及时的外部支持,如薪酬、奖励机制等。也应当进一步积极引导用户发现内在动机,一个本身就很喜欢数学的学生,给予太多的外在奖励并不一定合适,外在奖励适用于那些本质上并不那么有趣的活动。

外在动机和内在动机都会发挥重要的作用,外在动机有时能够内化为内在动机,如某门课程的学习,开始可能会觉得枯燥,如果了解了学好后的意义,学生可能在学习过程中将外在动机逐渐转化为内在动机。

# 13.4 游戏化实例

对于游戏化,国内外在各个领域都有一些优秀的设计实例,包括用户界面、商业软件、管理、营销和教育等,未来也会有更多的游戏元素出现。下面列举部分实例,通过这些实例可以给读者一些游戏化应用设计的启示,加深对游戏化的进一步理解。

## 13.4.1 游戏化教学

对于游戏化,探讨最多的可能还是教育领域,尤其是当下,当学生获取资讯的途径愈来愈多后,课堂教学对于学生的吸引力逐渐下降。近年来提到的游戏化教学,是希望教学活动更有趣、更有效,以找到一种更好的教学和工作方式。现在的年青学生已经习惯于游戏的工具和环境,如果通过游戏化的方式创建一个虚拟世界,或者在教学活动中借鉴游戏的元素,可以使学生更乐于接受,更适应这个世界。

教学活动中游戏化的一种极端的例子是完全按照游戏的方式进行,如台湾大学的叶丙成教授和新国大的 Ben 教授早期曾进行的教学活动,这样的方式虽然很有效,但借鉴的意义并不大,因为它没有普遍性,实施的成本太高,一般情况下,老师是很难做到的。因此,首先要真正理解游戏和游戏的核心元素,再根据具体情况进行合理应用。游戏化也包括环境的娱乐化、人性化等。

目前,我国高校教学改革的一项重要任务之一是对课程考核的改革,改变以往以期末考试为主的课程考核方式,对学生日常的学习行为有及时的反馈,提高过程对学生的吸引力,让学生积极参与到教学活动中。

### 1. 坦普尔大学史蒂文·约翰逊(Steven Johnson)的游戏化教学

坦普尔大学史蒂文·约翰逊在自己的社交媒体创新课上用视频游戏元素来激发学生的兴趣。他认为这类工具和环境是学生喜闻乐见的,也是更好的教学和工作方式。在这门被称为"探索"的课上,学生可以通过参与不同的活动得分,如对博客内容发表评论、收集不同层次的徽章等。每周,约翰逊都向得分达到一定水平的学员们发放 T 恤衫等印有学院标识的纪念物,以示奖励。

### 2. 台湾大学叶丙成教授的游戏化教学

台湾大学电机系的叶丙成教授,在讲授自己的一门概率课时,将其开发成了一款在线游戏,学生以游戏的方式完成学习任务和考核,学习任务被设计成不同的关卡,极大地激发了学生的学习兴趣,这也是著名 MOOC、国际顶尖数码教学平台 Coursera 上的第一门中文课程。后来叶教授与学生共同开发了 PAGAMO Online 在线游戏平台(见图 13-3),学生可在游戏里透过解题"占领地盘",此款游戏平台深受欢迎。

图 13-3　台大叶丙成教授 PAGAMO Online 在线游戏平台

**3. 新加坡国立大学 Ben Leong 教授的游戏化教学**

新加坡国立大学的 Ben Leong 教授,也是进行游戏化教学的代表人物。在他的教学中同样对教学内容进行了游戏化的设计,学生通过通关的方式来完成学习任务。除此之外,他的游戏化教学更注重对游戏其他核心元素的运用,如排行榜,在他的课程网站上,一门课程的选课学生名单会有一个排行。教学中给学生列出了任务清单,排行是根据学生完成作业的情况给出的成绩来评定,实际上是注重了学习过程的考核,排行榜也会对学生的学习积极性产生影响。

## 13.4.2　游戏化商业推广活动

**1. 航空公司里程积累**

航空公司企业是进行游戏化较早的行业,如里程积累、免费升舱等。如果经常出差,尤其是坚持固定乘坐某航空公司航班,可能会在某次乘坐经济舱时,被航空公司免费升为头等舱。除了免费升舱外,航空公司对于个人乘坐里程的积累,还有其他的一些奖励计划。里程积累是对乘客消费行为的及时反馈,免费升舱则是奖励。

2009 年在美国上映的电影《在云端》,将现实的游戏化进行了完美的优化。电影中的主角计划积累 1000 万英里多航程,从而成为只有 6 个人的群体,会拥有终身免费商务舱以及将名字印在飞机上等精神和物质奖励,而主角实际上已经超越了对物质奖励的追求。

**2. 信用卡积分兑换**

生活中游戏化应用最常见的实例之一,就是目前我们大多数人都会遇到的信用卡积分兑换活动。发卡单位根据用户的消费金额给予相应的积分,再根据积分数额等级,进行一些礼品的兑换。积分兑换活动可以在一定程度上对消费产生刺激作用,有时候甚至有人会为了礼品兑换而进行消费。

### 3. 商家会员卡计划

商家的会员卡计划是与银行信用卡积分兑换类似的活动,如成为商家会员,在消费时可享受一定的优惠额度。同时,会员卡往往又分不同等级,具有徽章的意义,也是一份荣耀,其基本形式如图 13-4 所示。对商家而言,推行会员卡计划,会对客户产生粘连度,也会刺激消费行为。

图 13-4　商家会员卡

### 4. 比特币交易系统

2013 年底之前,中国对比特币政策并不明确,存在大量的比特币交易平台,但大多经营状况并不理想,后来有人在交易系统增加了一些游戏化的元素,如每天交易量的排行榜、每周交易量排行榜等,并拿出一定的佣金按照排行榜进行奖励,这样的设计激励了许多交易者,增加了交易量。对这种方式的借鉴,也挽救了当时一些濒临关闭的比特币交易网站。

## 13.4.3　游戏化设计

### 1. 瑞典的垃圾桶

瑞典一家国家公园里有一个垃圾桶,当游客往里面丢垃圾时,会听到一种高空坠物的下落声,持续几秒后还有一声“砰”的落地声,人们往往会为了体验这种声音,而四处找垃圾桶扔垃圾,从而主动引导人们改变乱扔垃圾的习惯。

### 2. 耐克(Nike)的 NikeiD 服务

全球著名体育运动品牌商耐克使用游戏机制让客户自己设计自己的鞋,顾客可以选择原材料色彩、尺寸和做工,将购买新网球鞋的活动从交易转变为一种创造性的经历。实际上是让客户参与生产过程中,客户的行为能够影响到活动结果。

### 3. 钢琴楼梯

钢琴楼梯最早在瑞典首都斯德哥尔摩,德国大众汽车瑞典分公司的工作人员为改善人们的行为方式,将一个地铁站的进出口楼梯,设计成了钢琴键盘的形式,把每一阶楼梯用油漆刷成了黑白两色,就像钢琴的黑白键盘一样(见图 13-5),人们踩上去会发出声音,增加了爬楼梯的乐趣,从而减少了上楼梯的枯燥和疲劳。钢琴楼梯是对人们行为的一种及时反馈,后来国内也出现了类似的楼梯设计。

图 13-5　钢琴楼梯

### 4. 折叠(Floding@home)

"折叠"是一个研究蛋白质折叠、误折、聚合及由此引起的相关疾病的分布式计算工程(见图 13-6)。"折叠"是目前世界上最大的分布式计算计划,2007 年为吉尼斯纪录所承认。

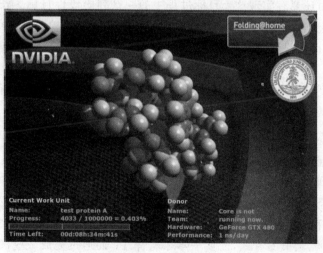

图 13-6　"折叠"项目

人体有 10 万种蛋白质,可以构成 20 种氨基酸组合,每一种蛋白质会折叠成无数种独特的形状。如果不进行正确的折叠,就会导致疾病,如疯牛病等。而人类可以通过计算机模拟蛋白质每一种可能的形状来阻止它的折叠出错。据估计,计算一种蛋白质的组合,就需要约 30 年,于是,索尼为 PS3 开发了"折叠"程序,利用游戏机的运算能力和玩家的力量,以游戏的形式进行科学研究。2010 年,该团队的成果发表在《自然》杂志上。"折叠"项目是游戏应用化或应用游戏化的一个典型代表。

**5. 免费大米**

《免费大米》(Freerice)是联合国世界粮食计划署旗下的一款公益性捐大米的网页游戏。免费大米网上游戏包含了词汇、世界各国旗帜和文学等不同类别的 45000 个问题,并且拥有英语、西班牙语、意大利语、法语、汉语和韩语 6 种版本。网站免费提供英文学习游戏,范围覆盖艺术、化学、数学和地理等领域。参与者每答对一道题,网站都会向联合国世界粮食计划署捐赠 10 粒大米。与此同时,当用户学英语学累了,还可以通过玩"快乐游戏"板块中的小游戏来捐大米。这些用户捐助的大米将用于援助深陷饥饿的人们和帮助世界粮食计划署采取紧急救援行动。粮食计划署将用收集到的捐助为世界各地的饥饿人口提供援助。《免费大米》游戏最初是在 2007 年以英文版的形式出现,并且迅速风靡全球。2011 年 10 月 26 日,联合国世界粮食计划署与盛大游戏共同发布公益游戏《免费大米》中文版在上线的第一个月中所筹集到的大米就足够超过 5 万人吃一天。

## 13.4.4 游戏化管理

对于管理者而言,如何调动被管理者的工作积极性,提高工作效率,实现工作目标,是管理工作的核心。在管理中的游戏化应用,从被管理者的角度进行思考,首先要给员工一个明确的长远目标,同时还要有实现这个目标过程中的一系列阶段性目标。长远目标确定发展方向和终极目标,但在现阶段看来有可能会有些遥不可及,如果缺乏可行的阶段性任务,则会让人丧失信心。而阶段性任务和目标,应用任务清单的方式,可以很好地调动员工的工作积极性。

此外,还要做到及时的反馈。任务完成或工作中有好的表现,要能够得到及时反馈,得到表扬和肯定或奖励,并让奖励具有实际的意义。

**1. 盛大游戏化管理**

2008 年开始,盛大开始实行游戏化的管理体系,每一个新进公司的员工都有一个与他工作岗位相应的经验值起始点,经验值对应一个相应的薪酬。员工的工作过程就是不断积累经验值的过程,经验值与薪酬、升职直接挂钩。

员工通常有两种途径获得经验值:一是完成日常工作,二是完成额外的任务,如果通过完成日常工作积累经验值的方式,需要一年才能晋升;而通过完成一些额外项目获得加分的方式,可以缩短晋升的过程。经验值是对员工工作成绩的量化,相应的,如果员工未完成任务,则要扣除一定的经验值。在具体管理上,盛大的管理系统也类似于游戏界面,使用了游戏中通常用到的一些元素,如角色等级、加血柱状条等,如果员工经验值达到相应职级的标准,系统就会实现自动升级。游戏化的管理方式可以有效提升管理效果、评定员工成绩,还可以完善与薪酬和升职相应的机制。盛大游戏化管理系统里的升级助手,则是一个类似游戏规则的介绍,让员工清楚经验值获取的具体方式,包括如何尽快晋级等。

**2. 成都某小学的游戏化管理**

成都某小学在对学生的管理中,应用游戏化元素,根据学生在学习、品德和习惯等方面的表现,老师给予不同种类的卡片,以示奖励。这些不同的卡片被赋予了不同的功能,而最高级别的卡,称为神卡,学生可以拥有免交作业、免背诵和任选座位等权利,一种卡片积累到一定数量可以兑换另一种高级别卡片,获得的学生拥有更多的选择,从而激发了学生的兴趣。

## 思考与练习

1. 如何理解游戏化的核心元素?
2. 结合现实生活中的一些具体领域,写出一个游戏化的方案。

## 参考文献

[1] 凯文·韦巴赫,丹·亨特.游戏化思维——改变未来商业的新力量[M].周逵,王晓丹,译.杭州:浙江人民出版社,2014.
[2] 简·麦格尼格尔.游戏改变世界[M].闾佳,译.杭州:浙江人民出版社,2012.
[3] 卡尔 M,卡普.游戏让学习成瘾[M].陈阵,译.北京:机械工业出版社,2015.
[4] 李茂.游戏化教学的理论与实践,国际化、工程化软件人才培养探索与实践[C].成都:四川大学出版社,2017.
[5] 布莱恩·伯克.游戏化设计[M].刘腾,译.武汉:华中科技大学出版社.2017 年.
[6] 约翰·费拉拉.好玩的设计:游戏化思维与用户体验设计[M].汤海,译.北京:清华大学出版社,2017.

# 游戏设计文档

　　如果有了一个游戏想法，接下来要尝试编写一份完整的游戏设计文档，将创意表达出来。形成文档的主要内容和大致结构，包括游戏的故事、游戏的世界、游戏的基本规则和主要特点；游戏的美学部分，包括游戏中的角色、场景、道具设计以及游戏的 UI 等视觉感受的部分，也包括游戏中的声音和音乐以及游戏的程序部分，这些也是游戏得以实现的技术基础。

　　对于游戏创意方案的编写，也可以从学会描述游戏开始。选择一款现有的游戏，撰写文档进行描述，看是否表述完整、准确；或者对游戏进行分析评价，提出你认为的游戏优点和缺点，即好的游戏好在什么地方，差的游戏缺点是什么，可以怎样改进。

　　文档的内容结构主要应该包括但不限于以下内容。

## A.1　游戏名称

　　在文档的封面上，需要给游戏取一个既能准确表达游戏内容，又具有感召力、吸引力的游戏名称。事实证明，恰当的游戏名称是一款游戏成功的因素之一，甚至在一定程度上会影响一款游戏的下载量，已有实验证明了这一点。

　　除了游戏题目之外，还需注明文档的作者、联系方式、发布日期及版本号等。

## A.2　目录

　　目录可以显示设计文档的内容和结构，便于阅读者方便、快速对文本内容有一个大致了解。

## A.3　游戏概述

　　游戏概述可以简要描述游戏的主要内容、特殊点以及基本规则和玩法,尤其是主要特点;还可以对游戏中故事发生的时间、地点等背景内容、故事大纲、游戏操作、主题和价值观等进行简单介绍。

　　对于游戏特点或创新点的表述,可用"类似于《＊＊》游戏"这样的语句,以便于阅读者可以快速获得对游戏类型的认知。

## A.4　游戏流程介绍

　　对游戏流程进行介绍,包括游戏标题、游戏开始界面和过场动画描述等,游戏流程是指从标题界面开始到游戏结束,游戏中各个界面如何连接,以及游戏加载时玩家看到的界面等内容。

## A.5　市场分析

　　市场分析包括分析目标用户,选择游戏的运行平台和系统,对已有类似游戏作品分析、考虑商业和市场以及发布平台等,下面分别进行介绍。

　　(1)分析目标用户:预计未来的用户是什么样的群体,有没有特定的人群是游戏的用户,是男性为主还是以女性为主,或者是以某个年龄段人群作为游戏未来的目标用户,如以6～12岁的儿童为主、以退休后的老年人为主等,并研究这个目标群体的特点。

　　(2)选择游戏的运行平台和系统:选择手机、iPad、电脑还是游戏机作为游戏平台,以及选择的理由,要充分考虑目前的技术发展趋势。

　　(3)对已有类似游戏作品分析:市面有无类似的游戏,类似游戏有何优缺点以及目前的运营现状如何。进行性能比较,如何让用户选择自己的游戏而不是已有的游戏产品。

　　(4)考虑商业和市场:游戏潜在的竞争力是什么,它的独特卖点和特别之处要表述明确。

（5）考虑发布平台：对发布平台的考虑，以及预计单月销、半年、一年以及一年以后可能的销售额。

# A.6 版权

近几年游戏领域谈论较多的话题之一是关于游戏 IP，就是游戏涉及的产权以及专利使用权等。游戏中的音乐、美术、故事的来源及引擎的使用等，都可能涉及版权问题。如游戏故事是源自网络、民间传说、小说还是电影等，如何处理版权问题，可以避免后期产生版权纠纷。

2014 年初一款突然爆红的虐心小游戏《Flappy Bird》，下载量突破了 5000 万次，后来被迫下架，未经证实的说法之一是因游戏中美术涉嫌侵犯《超级马里奥》的版权。因此，如果游戏最终要公开发布，每一环节都应充分考虑可能涉及的版权问题。

# A.7 游戏规则

游戏规则的表述是文档的重要内容。这里描述游戏的主要玩法，尽量结合一些示意图进行详细说明（见图 A-1），这样使规则更直观形象，易于理解。游戏规则也包括对游戏操作规则的设计，可以用图形并配合相应描述的方法，设计各个界面的基本结构与内容，描述得分系统和获胜条件、模式以及其他特征，如单人、双人对战或多人模式等。还可以用这种方法设计平面布置与流程图，并设定游戏世界的社会文化规则。

图 A-1 游戏核心玩法示意图

# A.8　美学风格

　　美学风格通常指视觉和声音部分。视觉上,确定大致的风格特征,如日、韩动漫的二次元风格,写实的风格或中国传统美术中具体的风格特征(如工笔画、水墨、白描、线描等美术形式),也包括造型上的特点,如几何化的造型风格等,也可用示意图或假图的方式。

　　声音方面,要确定声音的大致风格,如摇滚、轻音乐或节奏感强的鼓点、民间音乐等。

# A.9　游戏角色

　　此部分要定义操作人物与非操作人物的属性和功能(或每类角色),制作角色名单。游戏中有较多角色时,最好制定一个角色关系网,列出所有角色之间的相互关系。

　　列出角色属性,包括角色的身份地位,以及相应的行为特征、语言风格特点。身份不同,特别是身份高低不同,会有明显不同的行为特征。角色声音和语言、口语、说话风格与习惯也是需要体现的内容。定义角色的性格特征和职业特征以及角色功能。

　　定义视觉外表,如角色形体上的特征(高、矮、胖、瘦等)。定义造型风格,如写实风格或卡通风格等,要与游戏的整体视觉风格一致,要考虑角色会出现在游戏中的哪些场景。所有角色都具有人类的特点或者是动物、植物、抽象几何体以及多者结合的特点。考虑将角色的性格和职业特征体现在外观上。如果涉及细节,还包括角色的表情以及角色的衣着、武器、道具和名字的设定等。

# A.10　叙事

　　要有故事大纲和完整的故事表述。描述每一个子情节并说明如何与游戏玩法和主情节连接在一起。

## A.11　游戏空间

游戏空间是游戏美术的一部分,包括确定是 2D 还是 3D,对空间概况的表述、地图、比例尺、重要场所以及角色如何在空间中行进。如果对时间天气状况有要求,还需要注明是白天、夜晚,或者晴天、阴天、雨天等。

## A.12　游戏关卡

游戏关卡包括游戏所有关卡的总览,要列出游戏出现的所有关卡,以及关卡的名字和简单介绍,还包括所有关卡的任务挑战设计、开始条件和结束条件设定以及玩家的目标和应获得的奖励的设定等。

## A.13　音乐和音效

音乐和音效包括从标题界面开始,所有界面涉及的音乐和游戏进程中的声音设计,以及声音的大致风格和来源。

## A.14　动画

是否需要设计开场动画、过场动画? 2000 年初,强调开场动画与过场动画是游戏构成内容之一。开场动画可以简单讲述游戏故事背景。

# A.15  技术部分

技术部分包括技术分析、开发平台和工具、发布方式和系统参数等,下面分别进行介绍。

(1) 技术分析:包括游戏引擎的选择,是购买还是选择免费版。现在游戏主流的游戏引擎都有免费版,但付费与免费有功能上的区别,要确定选择的版本是否能满足需要。同时,要确定开发过程中是否涉及新技术的开发、新技术开发的难度以及新技术无法实现时的替代方案。

(2) 开发平台和工具:选择游戏的开发平台和可能使用到的工具和软件所需要的资源,并做出技术规范。

(3) 发布方式:游戏的设计制作与发布运营是两个不同的环节。

(4) 系统参数:包括最大用户数、服务器、网站、持续性、保存游戏和加载游戏等。

# A.16  游戏界面布置

游戏界面布置包括对游戏界面元素进行设计,可以应用作图软件进行安排布置。

## 参考文献

[1]  亚当斯. 游戏设计基础[M]. 王鹏杰,董西广,霍建同,译. 北京:机械工业出版社,2010.
[2]  Scott Rogers. 通关!游戏设计之道[M]. 高济润,孙懿,译. 北京:人民邮电出版社:2015.
[3]  Tracy Fullerton. 游戏设计梦工厂[M]. 潘妮,陈潮,宋雅文,等译. 北京:电子工业出版社,2016.

# 部分游戏平台

## B.1 Steam

Steam 平台是 1996 年成立于美国华盛顿州西雅图市的一家专门开发电子游戏的公司 Valve Software(维尔福软件公司)的游戏平台,是目前全球最大的综合性数字发行平台之一。玩家可以在该平台购买、下载、讨论、上传和分享游戏和软件。2015 年,Steam 获得第 33 届金摇杆奖最佳游戏平台。

## B.2 Google Play Store

谷歌的 Google Play Store 是由之前的 Android Market 在 2012 年更名而来,是一个由谷歌为 Android 设备开发的在线应用程序商店,是 Android 智能手机应用的中心渠道,它出售数字产品,游戏是其中的重要内容。

## B.3 App Store

App Store 由苹果公司在 2008 年正式上线,为 iOS 设备用户提供应用软件、为软件开发者提供的售卖平台。游戏是 App Store 上最赚钱的应用,App Store 通过用户下载付费的形式获得收入,由苹果公司统一代收。游戏开发者与苹果公司按照 7∶3 的比例进行分成,开发者获得收入的 70%,苹果公司 30%。App Store 既有付费游戏,也有免费下载的游戏,是 iOS 设备用户获取游戏的主要方式,也为开发者提供了一个游戏上线的重要渠道。

## B.4　Ketchapp

Ketchapp 移动游戏工作室( http://www.ketchappstudio.com)最初在 2014 年以 iOS 平台和安卓平台上发行的热门游戏应用《2048》而闻名的,数以百万计的智能手机用户下载了这款游戏。Ketchapp 开发了诸如《危险道路(Risky Road)》《反应堆(Stack)》以及《重力交换(Gravity Switch)》等免费移动游戏。法国老牌发行商育碧在 2016 年 9 月宣布收购了移动游戏工作室 Ketchapp。

## B.5　Origin

Origin 平台是由美国艺电游戏公司(Electronic Arts Inc,简称 EA)打造的全方位游戏社交平台,于 2011 年正式发布,在国内又被称为"桔子"。平台具有游戏数字版购买、实体版激活与下载、数据云存储及社交等众多功能。Origin 平台与华纳兄弟、育碧、卡普空、世嘉、万代等多家著名的独立游戏工作室合作,有《战地风云 1942》《极品飞车:世界》《星球大战:旧共和国》等免费游戏可直接激活下载,也有诸多游戏大作的 Demo,下载过程简单,安装快捷方便,甚至可以在游戏时,直接在 Origin 应用程序内与好友聊天。Origin 有在线试玩、免费游戏和 beta 测试版的云存储功能,可以将游戏存档保存在网上,并可在多种计算机游戏系统上获取。

## B.6　Kongregate

Kongregate 成立于 2006 年,是一个用户可以互动参与的游戏网站,允许游戏开发者上传发布游戏,并参与网站内容的架构,玩家也可以在游戏中与对方以及游戏开发商进行互动。用户可以通过给游戏评分、完成奖章任务等方式提升等级,还可以完成 Kongregate 与一些游戏厂商合作发布的特殊挑战任务,从而获取游戏隐藏道具、成就奖章以及游戏机等奖励。Kongregate 对新游戏周榜、月榜的最高分进行奖励,以保证游戏质量。2010 年,Kongregate 被 GameStop 收购,成为其旗下的休闲游戏平台,拥有数量众多的在线小游戏。

# B. 7　TapTap

　　TapTap 是由易玩(上海)网络科技有限公司开发及运营的一个游戏推荐平台,也是一个核心游戏玩家聚集的社区。玩家在这里下载、购买游戏,对游戏发表评价,通过与其他玩家的交流发现更多好游戏。

　　TapTap 提供 Android、iOS、Web 共 3 种版本的产品,只收录官方包(部分游戏因官方地区发行代理限制,会限制下载地区),不做联合运营,是国内率先支持付费购买正版安卓游戏的第三方平台。TapTap 每天推荐一些经过编辑独立评测的好游戏,玩家的喜爱是判断一款游戏是否优秀的唯一标准。在 TapTap,玩家通过抢先试玩、游戏测试等方式率先发现、体验新游戏,并直接向开发者反馈意见,推动游戏改进;开发者通过 TapTap 收集用户反馈,与用户直接交流。

# 国际主要游戏活动

## C.1 游戏开发者大会

美国游戏开发者大会（Game Developers Conference，GDC）由克里斯·克劳福德于 1988 年创办，是全球最具影响力的游戏领域盛会，每年由来自全球的电子游戏设计师和从业人员参与，大会有演讲、座谈会等形式，涉及电子游戏开发技巧、市场前景展望和玩家行为分析等方面的主题，也有游戏开发、发行和代理等环节的交流讨论。大会评选当年的各类最佳奖项，对游戏的发展和推广有着强大的助力。

## C.2 独立游戏节

美国独立游戏节（Independent Games Festival，IGF）由《游戏开发者》杂志和游戏开发者大会联合主办，1998 年为首届，以后每年举办一届，一直受到全球游戏界的关注。独立游戏节鼓励游戏开发创新，发掘最出色的独立游戏。由 CMP Game Group 组织评选的"塞尤玛斯·麦克纳利奖"是独立游戏节的一项重要内容，获奖者有直接参加美国游戏制作者年会的资格，并可获得在宣传材料上使用独立游戏节名称和 LOGO 一年的权利。

## C.3 美国电子娱乐展览会

美国电子娱乐展览会（Electronic Entertainment Expo，E3）是由美国娱乐软件协会主办的全球最大互动娱乐展会，每年 6 月在美国洛杉矶举行，被称为是电子娱乐界的奥林匹克盛会。E3 主要是针对开发者、发行商以及媒体,全球顶级的游戏行业机构及硬件周边厂商等都会参加,他们在展览会上发布硬件服务消息和游戏新作信息。展会期间,还会进行由多家媒体以及玩家参与的各类最佳游戏的评选活动。从 E3 展上能够看到世界最高水平的游戏,并能掌握到近一年来业界发展的走向。

## C.4 科隆国际游戏展

德国科隆国际游戏展(Gamescom)由创办于 2002 年的莱比锡游戏展(Games Convention)发展而来,是德国也是欧洲最大、最权威的综合性互动游戏软件、信息软件和硬件设备的大型国际展会。2009 年起会址移至科隆,是游戏厂商、欧洲玩家及媒体交流信息的主要平台,与美国 E3 游戏展、日本东京电玩展同称为世界三大互动娱乐展会。Gamescom 会开放一个展馆作为商品贩售区,用于创造商机和服务玩家,贩售区商家涉及各种内容。2009 年开始,Gamescom 分为以网络游戏为主的游戏展(Games Convention Online,GCO)和以电玩及单机游戏为主的游戏展(Games Com,GC)。

## C.5 东京电玩展

东京电玩展(Tokyo Game Show,TGS)创办于 1996 年,是在日本东京举办的大型视讯游戏展览,曾经是规模仅次于美国 E3 游戏展的全球第二、亚洲最大的游戏展览会。东京电玩展的内容以各类游戏机及其娱乐软件、计算机游戏以及游戏周边产品为主。东京电玩展从 1997 年开始每年在春秋两季各举办一次,在 2002 年改为每年举办一次,早期每次举办 3天,第一天为专业人士参观日,只对游戏业内人士和媒体开放,此后为一般开放日,对所有参观者开放,这也是东京电玩展的特点。2007 年以后每次展览举办 4 天。

## C.6 中国国际数码互动娱乐展览会

由中国新闻出版总署等政府部门指导主办的中国国际数码互动娱乐行业展会(ChinaJoy,CJ)是中国最大的数字娱乐展会。旨在为全球数字娱乐产业发展搭建一个交流合作平台,推动中国电子娱乐产品市场的发展。展览会每年夏季固定在上海举办,展会涵盖软硬件技术和前沿技术应用,包括游戏、动漫、影视、网络文学及衍生品等数字内容,汇聚国内外商务、投资、研发、渠道及消费者等多受众群体,展会同期也举办中国游戏开发者大会(CGDC)和其他一些相关论坛。

# C.7 游戏奖

　　游戏奖(The Game Awards,TGA)是由全球知名游戏公司任天堂、微软和索尼等赞助的年度游戏评选和颁奖活动,被称为游戏界的奥斯卡。2014 年 12 月 5 日,在美国内华达州拉斯维加斯举行首届游戏奖颁奖典礼,共设 21 个类别,包括年度最佳游戏、最佳独立游戏、最佳移动/手持游戏、最佳剧情、最佳射击游戏、最佳动作/冒险游戏、最佳角色扮演游戏、最佳格斗游戏、最佳家庭游戏,以及年度最佳电竞选手、年度最佳电竞队伍、最佳玩家创作等奖项,每个类别提名 5 个入围者参与评选。入围名单由 28 家国际性媒体在 2014 年 11 月 25 日前上市发行的游戏中共同推选。此后,每年一届在美国举行。

　　《龙腾世纪:审判》获得首届年度最佳游戏,此后获得年度最佳的游戏分别为《巫师 3》(2015 年)、《守望先锋》(2016 年)、《塞尔达传说:荒野之息》(2017 年)和《战神 4》(2018 年)。2017 年的第四届 TGA,设置了最佳学生制作游戏奖,还首次设立了最佳中文游戏,网易《剑网 3》重制版获得该奖项。

　　2003 年开始,知名游戏媒体 Spike 电视台每年末举办一个视频游戏评选(Spike Video Game Awards,VGA),并进行颁奖仪式。2013 年,VGA 更名为 VGX,2014 年又更名为现在的 TGA。

# 部分世界知名游戏公司（工作室）

## D.1 雅达利

由美国电气工程师诺兰·布什纳尔 1972 年创建的雅达利（Atari），是世界第一家商业电子游戏研发公司，创造了早期电子游戏的辉煌。雅达利 2600 也是世界上第一台商用电子游戏机。雅达利对电子游戏的发展起到了重要作用，它的一些操控方式，如摇杆、手柄等也一直影响到现在。2013 年，雅达利申请了破产保护。

## D.2 西木

西木工作室（Westwood Studio）是一家美国游戏软件公司，由 Brett W. Sperry 和 Louis Castle 在 1985 年创办，1993 年推出的《沙丘魔堡》是第一款实时战略游戏，对后来的电子游戏发展产生了重要影响，最直接的就是暴雪的《魔兽争霸》。1998 年，西木被美国艺电公司（EA）收购，2003 年被 EA 关闭。经典的代表作除了《沙丘魔堡》系列外，还有《命令与征服》系列和《红色警戒》系列等。

## D.3 任天堂

日本任天堂（Nintendo）公司在 20 世纪 70 年代末开始进入电子游戏行业，并很快成了游戏行业巨头。任天堂的两任社长山内溥和岩田聪，以及设计师宫本茂、横井俊平，是任天堂也是整个游戏界的杰出人物。任天堂经典的作品主要有《马里奥》系列、《星之卡比》系列、《塞尔达》系列和《口袋妖怪》系列等。同时作为电子游戏硬件厂商，主要的游戏机有 Super Famicom、N64、GameCube、NDS、Wii、WiiU 以及 Switch 等。

# D.4　索尼

作为日本游戏行业巨头，与任天堂不同的是，索尼（Sony）本身是世界上强大的电子帝国。索尼旗下知名游戏工作室众多，如伦敦工作室（《小小大星球》《杀戮地带》等），圣莫妮卡工作室（《战神》系列）、Sucker Punch 工作室（《声名狼藉》）、Bend 工作室（《神秘海域：黄金深渊》）、Polyphony Digital 工作室（《GT 赛车》系列）以及创造了无数经典作品的顽皮狗工作室（Naughty Dog）（《神秘海域》《美国末日》《古惑狼系列》《最后生还者》《杰克与达斯特》等）。

# D.5　世嘉

日本世嘉（Sega）是当年在主机市场与索尼、任天堂并存的三大公司之一，尤其是大型游戏机，基本上都是世嘉的。世嘉是较早进入游戏行业的公司，在电子游戏前，就开始了传统游戏设备的生产。2001 年，世嘉退出了家用游戏机硬件市场。世嘉的经典主机有 Sega Master System、Game Gear、Mega Drive（Genesis）、Sega Saturn 和 Dreamcast；主要游戏作品有《索尼克》系列、《莎木》系列、《初音未来：歌姬计划》系列、《全面战争》系列以及《战场女武神》系列等。

# D.6　微软

美国微软（Microsoft）作为全球最大的计算机软件供应商，进入电子游戏领域较晚。2001 年，微软发售了第一代主机 Xbox，2005 年，发售了第二代主机 Xbox360 以及后来的 Xbox One X。微软后来居上，与索尼、任天堂成为现今游戏硬件市场的三巨头。

## D. 7　育碧

法国育碧(Ubisoft)成立于1986年,是游戏开发和发行商、代销商,是欧洲第三大和北美第四大独立游戏出版商。旗下最大的工作室蒙特利尔工作室是北美最具影响力的开发团队之一,育碧的所有大作全部来源于蒙特利尔之手。育碧的主要作品有《孤岛惊魂》系列、《波斯王子》系列、《刺客信条》系列、《看门狗》系列、《雷曼》系列、《彩虹六号》系列和《细胞分裂》系列等。

## D. 8　动视暴雪

美国动视暴雪,在1994年正式更名为Blizzard。暴雪对作品研发有极高的要求,因而被业界赞誉"暴雪出品,必属精品"。暴雪代表作品有《魔兽争霸》系列、《星际争霸》系列、《暗黑破坏神》系列、《魔兽世界》《炉石传说》《守望先锋》和《使命召唤》等。

## D. 9　维尔福软件公司

维尔福软件公司(Valve Software,简称Valve),1996年成立于美国华盛顿州西雅图。Valve是《半条命》游戏的开发公司,也是《Dota2》的运营商。Valve旗下的游戏平台Steam,现在是全球最大的综合性数字游戏软件发行平台。在中国,Steam的名气已远远超过了Valve。

## D. 10　美国艺电

美国艺电(Electronic Arts,EA)创建于1982年,是现今全球最大的独立游戏软件开发商和发行商。艺电的经典代表作主要有《极品飞车》系列、《荣誉勋章》系列、《战地》系列、《命令与征服》系列、《模拟人生》系列、《龙腾世纪》系列和《植物大战僵尸》系列等。隶属于 EA 的 EA Sports 是 EA 旗下的体育游戏开发公司，主要游戏有《FIFA》系列以及篮球、棒球、橄榄球等体育运动游戏。旗下的 EA DICE 工作室主要开发枪战游戏，代表作有《BF》系列和《镜之边缘》等。

## D. 11　Bethesda Softworks

美国 Bethesda Softworks 为 Zenimax Media 的子公司，最早成立于 1986 年的美国马里兰州 Bethesda。2001 年 Bethesda 成立了专注游戏发行的部门，原有的开发部门组建成了 Bethesda Game Studio，专注于游戏开发。Bethesda Softworks 开发了多种类型的游戏作品，主要代表作有《上古卷轴》系列和《辐射》系列。

## D. 12　Epic Games

1991 年，Tim Sweeney 在马里兰州创立了 Epic MegaGames。1999 年，更名为 Epic Games。Epic Games 主要代表作有《虚幻竞技场》系列、《虚幻》系列以及《战争机器》系列。除了游戏作品，Epic 的"虚幻"游戏引擎也是目前游戏开发领域主流的商业游戏引擎之一。

## D. 13　Rockstar Games

Rockstar 成立于 1998 年，是游戏发行商 Take-Two Interactive 旗下的游戏开发分公司。Rockstar 的经典代表作有《侠盗猎车手》系列、《荒野大镖客》系列以及《马克思·佩恩》系列等。

## D. 14　CD Projekt RED

CD Projekt RED 是最早成立于 1994 年波兰的 CD Projekt。当时 CD Projekt 的两位创始人主要做游戏光碟的贩卖和游戏本地化业务。2002 年，他们设立开发团队 CD Projekt RED，开始进行游戏开发工作。CD Projekt RED 的代表作就是众所周知的《巫师》系列。

## D. 15　卡普空

日本游戏公司卡普空(Capcom)，以动作游戏见长，主要作品包括《生化危机》《街头霸王》《怪物猎人》《鬼泣》《快打旋风》《洛克人》《鬼武者》《僵尸围城》《恐龙危机》和《失落的星球》等系列作品。文字 AVG 包括《逆转裁判》系列、RPG 系列《龙战士》、《阿修罗之怒》和《龙之信条》等。

## D. 16　史克威尔艾尼克斯

日本史克威尔(Square)公司是游戏开发厂商，知名的代表作就是《最终幻想》。史克威尔和艾尼克斯(Enix)合并以后有了《最终幻想》和《勇者斗恶龙》两大 IP，收购完 Eidos，更是拥有了《古墓丽影》，史克威尔出的游戏过场 CG 都非常精美。主要作品包括《勇者斗恶龙》系列、《最终幻想》系列、《王国之心》系列、《星之海洋》系列、《Saga》系列、《圣剑传说》系列、《Front Mission》系列、《Chrono》系列、《超时空之钥》、《深邃幻想》系列、《魔力宝贝》系列、《古墓丽影》系列(古墓丽影 9 以后)、《最后的神迹》和《热血无赖》。

## D. 17　科乐美

著名游戏制作人小岛秀夫就曾经供职于科乐美，科乐美出的游戏类型很杂，不管你喜欢什么类型的游戏，差不多都可以在科乐美找到。经典 IP 有《寂静岭》系列、《魂斗罗》系列、

《合金装备》系列、《恶魔城》系列、《实况足球》系列、《心跳回忆》系列、《沙罗曼蛇》系列、《幻想水浒传》系列、《DDR》和《游戏王》系列。

# D. 18　万代南梦宫

　　万代(Bandai)和南梦宫(Namco)原本是日本两家公司。万代成立于 1955 年,主要业务是玩具和动画,知名的动画品牌有机动战士高达、圣斗士星矢、假面骑士、奥特曼、美少女战士以及数码暴龙等。南梦宫在 20 世纪 70 年代进入电子游戏行业,是早期电子游戏行业的佼佼者,曾经的经典游戏《吃豆人》和《小蜜蜂》等就是出自南梦宫。

　　2005 年,万代和南梦宫宣布合并重组成万代南梦宫,代表作包括《火影忍者究极风暴》系列、《鬼屋》系列、《传说 RPG》系列、《机动战士高达》系列、《皇牌空战》系列、《召唤之夜》系列、《圣斗士星矢战记》系列、《坦克大战》系列、《龙珠》系列和《超级机器人大战》系列等。

# D. 19　Mojang

　　瑞典独立游戏工作室 Mojang,由独立开发了《我的世界》的马库斯·佩尔森于 2009 年创办。经典作品就是风靡全球的沙盒游戏《我的世界》,历经多年,丝毫没有过时的迹象。2014 年,微软以 25 亿美元的价格收购了 Mojang,是独立游戏商业化成功的典型案例。

# D. 20　Adriel Wallick（Ms. Minotaur）

　　独立游戏开发者 Adriel Wallick（Ms. Minotaur）,被权威游戏开发者网站 Gamasutra评选为 2014 年全球十大游戏工作室人物之一,也被著名经济杂志《福布斯》评选为 2016 年度"30 under 30"（即 30 岁以下 30 名行业精英）,游戏行业人物之一。Adriel Wallick 参与和组织了各类 game jam 游戏开发活动,最有影响力的是组织了列车果酱(Train Jam)活动:组织游戏开发者们在列车途中,历经 50 多小时开发各种游戏。此外,她的影响力还包括坚持每周制作一款游戏,一年共开发出 52 款游戏。这对游戏设计开发有兴趣的学生很有启发意义。

# 电 子 竞 技

电子竞技是基于电子游戏展开的比赛,电子竞技和其他比赛类似,也是一种职业。电子竞技有益于参与者的思维能力、反应能力以及熟练、敏捷的操作能力的培养与提升。电子竞技遵循一定的体育规则,具有体育运动属性,而体育活动本身源于游戏。因此,电子竞技已被纳入亚运会、奥运会以及其他一些国家和地区体育赛事的表演和比赛项目。

美国电视频道早在 1986 年就直播了两个孩子试玩任天堂游戏机的比赛,算是最早的电子竞技。此后,任天堂 1990 年在全美 29 个城市举办了游戏比赛,项目包括《超级马里奥兄弟》《Red Racer》和《俄罗斯方块》3 款游戏,最后根据 3 项比赛的综合得分进行排名,这是历史上第一个正式电子游戏比赛。10 年后的 2001 年,有了韩国的第一届世界电子竞技大赛(World Cyber Games,WCG)。

在我国,国家体育总局 2003 年已正式批准将电子竞技列为正式体育竞赛项目。2013 年,国家体育总局成立中国电竞国家队。2001 年,中国选手马天元参加在韩国举办的电子竞技奥林匹克(WCG),获得星际争霸项目世界总决赛冠军,是中国首枚电子竞技金牌。此后,中国选手逐渐在各类电子竞技比赛中表现活跃,如后来成为电子竞技国家队首任总教练的李晓峰,在 2005 年获得 WCG 魔兽争霸项目世界总决赛冠军,2006 年卫冕该项目冠军。2018 年 11 月 3 日,中国 IG 战队获得了 2018 英雄联盟全球总决赛世界冠军。

作为电子竞技,理论上讲,任何游戏都可以作为比赛项目。但在正式的赛事中,基于现场效果以及商业因素等多方面考虑,电子竞技游戏一般多为直接对抗的第一人称射击游戏、多人在线竞技游戏和格斗游戏等。曾经作为比赛的电子竞技游戏包括《星际争霸》、《DOTA》系列、《英雄联盟》、《雷神之锤》、《绝地求生》、《帝国时代》、《反恐精英》、《魔兽争霸》系列、《FIFA 足球》系列、《实况足球》系列、《虚幻竞技场》和《拳皇》系列等。

早期的世界电子竞技三大赛事为:2001 年韩国创办的世界电子竞技大赛(World Cyber Games,WCG)、2002 年法国创办的电子竞技世界杯(Electronic Sports World Cup,ESWC)以及 Angel Munoz 于 1997 年在美国创立的职业电子竞技联盟(Cyberathlete Professional League,CPL)。此外,还有韩国主办的世界电子竞技大赛(Worlde Sports Games,WEG)以及在北美电子竞技界享有声望的顶级电子竞技联赛,也是全球规模最大的专业视频游戏联盟职业游戏大联盟(Major League Gaming,MLG),是欧美比较大的线下比赛。中国最具权威性的国家级体育电子竞技联赛是中国电子竞技运动会(China Esports Games,CEG),由中华全国体育总会主办。2004 年举行中国首届全国电子竞技运动会。

# 游戏运营

　　游戏运营是游戏之外的内容,但一款好的游戏产品,如何让用户有机会、有途径、有渠道体验,让游戏作品到达那些潜在的玩家手上,在互联网时代,行业内有一些普遍的做法,这就是游戏运营。

　　其实在早期,运营和产品是分割开来的,但在游戏时代,尤其是团队小型化的移动游戏时代,运营就兼任了产品的角色,如图 F-1 所示。所以运营的工作重点可以粗略地分为用户运营、媒体运营以及活动运营。通过运营来提升收入、提升用户黏度、活跃度和兴趣,从而减少流失率,留住用户,解决产品存在的问题并为宣传等提供素材和话题。

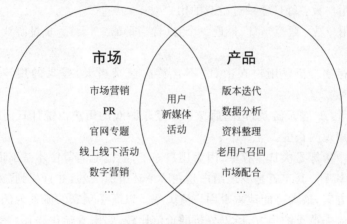

图 F-1　市场运营与产品维护

# F.1　用户运营

　　用户运营主要涉及用户的激活量、用户质量和用户付费三方面的内容。

## F.1.1　激活量

　　用户运营其实是围绕转化率而来的,也就是用各种手段降低获取用户的成本,一般转化的路径为：渠道→点击→下载→安装→激活，下面分别进行介绍。

（1）渠道：收集数据可以从源头知道用户的数量，后期结合其他数据推算出激活成本，而且后期也需要评估分析渠道用户的质量，来评估是否与推广初期设定的目标相符。

（2）点击率：如果是做广告，广告的文案和样式的设计会直接影响点击率。

（3）安装：安装方式（PC 下载或手机下载）、安装包大小（不宜太大）和安装环境（Wifi 或 3G）会影响安装率。

（4）激活：安装完成最后打开产品后叫作激活，运营一款产品时通常会综合推广成本和激活数来计算出激活成本，也叫用户获取成本，这是很关键的一个指标，主要通过这个指标来考核各个渠道推广的效果。

## F.1.2　用户质量

用户运营就是提高用户量吗？错，用户量数据其实相当无用，因为每个不同项目注册用户的质量完全不同。体现用户质量的数据主要有以下几个。

（1）日新登录用户数：每日注册并新登录游戏的用户数。

（2）日活跃用户数：每日登录过游戏的用户数。

（3）月活跃用户数：截至当日，最近一个月（含当日的 30 天）登录过游戏的用户数，一般按照自然月计算。

（4）次日留存率：新登用户在次日（不含首次登录当天）登录的用户数占新登用户比例。

（5）日流失率：日登录游戏，但随后 7 日未登录游戏的用户占统计日活跃用户比例，可按需求延长或缩短观测长度。

最重要的一个指标是次日留存率，因为用户来了，能把他们留住才是王道，那么，如何才能提高用户留存率呢？其实就是发现用户是在哪个环节流失的，并且找到流失的原因，然后采取改进的解决方案，最大可能地减少用户流失率。以新手玩家的流程为例，新用户流失环节通常就是用户流失严重的地方，所以分析的价值比较高，来看转化路径：登录→注册→创建角色→新手教程→完成前三关，每个转化环节都是会流失用户的，所以，通过收集各环节的数据来追踪用户的转化率，发现每个环节上的问题，如登录打开游戏的人有多少会完成注册，注册了以后有多少人创建了人物角色，之后完成新手教程，通过前三关成为一个有一定忠诚度的用户。当这个分析结果出来以后，会分析每个环节上有可能出现的问题，是否和预期相符，接下来应该怎么样设计游戏和用户引导流程可以更高效地把新用户留下来。

## F.1.3　用户付费

综合来讲，可以认为这是在分析游戏的整体赚钱能力，在主要靠内置付费来获得收入的游戏里，付费行为需要看的数据比较多，也比较复杂，但是是必要的，优秀的运营可以帮助公司找到玩家的真正需求，可以发现隐藏较深的问题，也可以帮助游戏有效地提升收入，可以算是各游戏运营里的核心"技术"。一般针对付费用户有以下几个评定指标。

（1）付费用户（Pay User）：统计时间区间内，付费用户的数量（排重）。

（2）付费率（Pay Ratio）：注册用户付费率＝付费用户/总注册；活跃用户付费率＝DAU/总注册。

（3）平均每用户收入（Average Revenue Per Users，ARPU）：统计时间区间内，每个用户对游戏产生的平均收入。

（4）平均每付费用户收入（Average Revenue Per Paying User，ARPPU）：统计时间区间内，每个付费用户对游戏产生的平均收入。

在这些付费用户里，也会出现一些重度付费用户，数量有可能不多，但由于他们在游戏中的消费能力和影响力都比较高，通常被称为"鲸鱼玩家"。

# F.2　媒体运营

媒体运营就是更新官网资料，做各种版本、活动的宣传专题策划和开发需求，然后协调设计部和开发部把它们做出来，主要包括以下工作。

（1）撰写并发布游戏相关新闻、软文和公告。

（2）游戏活动策划、上线，活动结案、统计和发奖。

（3）策划线上、线下活动，做相关开发需求或活动脚本，并做活动执行和宣传引导。

（4）巡服和线上管理，维持游戏秩序，引导玩家游戏。

（5）组织招募和管理记者团和论坛版主，辅助游戏宣传、指导和管理。

（6）组织游戏公会入驻，带动游戏人气和消费。

（7）游戏周边及宣传品的设计和采购、生产需求。

（8）游戏异业合作和商务合作支持。

# F.3　活动运营

运营活动的目的是提升收入，提升用户黏度、活跃度和兴趣，减少流失率，留住用户，解决产品存在的问题，为宣传等提供素材和话题。游戏运营方式与商场促销活动、节假日活动的对比如图 F-2 和图 F-3 所示，其实活动运营和商场的促销类似。游戏的活动运营，通常的做法又分为征集式、注册式、评选式、充值式、抽奖式和比赛式等，下面分别进行介绍。

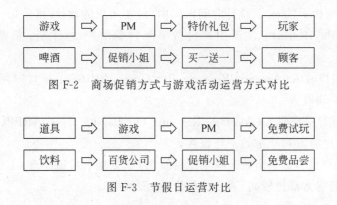

图 F-2　商场促销方式与游戏活动运营方式对比

图 F-3　节假日运营对比

### F.3.1　征集式活动

征集式活动的特点是：容易在玩家之间形成讨论点和话题，可在网站和论坛一定时间内聚集人气，玩家的截图和征文可作为软文素材，可提供一定的宣传点，也可以了解玩家的游戏建议和想法，作为游戏运营和修改的参考。

征集式活动的缺点是：需要专门人员对征集的信息进行分类整理，审核周期较长。

### F.3.2　注册式活动

注册式活动的特点是：在短时间内吸引大量玩家注册账号，有利于游戏人数提升，可为市场提供宣传点，增加媒体曝光量。

注册式活动的缺点是：实体奖比虚拟奖对新玩家更具有吸引力，但也容易造成活动结束后人气和在线人数的急剧滑落，还容易造成大量小号生成对数据模型产生偏移。

### F.3.3　评选式活动

评选式活动的特点是：利于拉票，增进玩家间互动，通过玩家和好友间的拉票行为，引入潜在用户并宣传游戏，经常用"俊男靓女""最强"等词眼做噱头，吸引媒体注意，提升关注度，还经常通过参赛人员的八卦新闻来延长曝光周期，配合软文达到炒作效果。

评选式活动的缺点是：投入成本较高，在活动期需要不断制造花边新闻来维持热点。

### F.3.4　充值式活动

充值式活动的特点是：能在短期内促使付费玩家充入大量现金，提升营业收入，吸引潜在的未付费用户进行付费，提升付费率，能促使付费用户在之后较长的期间内驻留，不易流失。

充值式活动的缺点是：促销会减少部分收益，同时出现较多的高级道具会间接影响游戏平衡，加剧了付费用户和非付费用户之间的差距。应当注意首次促销给予的奖励数量，避免造成恶性循环。

### F.3.5 抽奖式活动

抽奖式活动的特点是：以极品道具或者实体奖为诱饵,利用玩家赌博心理,获取高额收入,准入门槛低,通过页面抽奖形式让更多的用户浏览官网,有利于游戏推广。

抽奖式活动的缺点是：活动页面涉及小游戏需要进行开发和测试,策划周期长,对于抽奖类的活动玩家会认为有内定中奖嫌疑,公开、公平、公正是玩家所关心的重点,要注意政府监管下对赌博性质游戏的处罚。

### F.3.6 比赛式活动

比赛式活动的特点是：能激发潜在消费大户的热情,增加此类玩家的付费额并提升游戏兴趣度。

比赛式活动的缺点是：参与面过窄,普通玩家通常认为此类活动是专门针对特定玩家打造的。

### F.3.7 帮派式活动

帮派式活动的特点是：利用团队凝聚力为启动要点,人为设置玩家之间的纷争,让玩家体验团队对抗乐趣,同时增加游戏道具消耗,侧面提高收入。

帮派式活动的缺点是：程序支持的内置公会对抗活动受网络等因素影响较大。

### F.3.8 冲级式活动

冲级式活动的特点是：能有效地提升注册用户和进入游戏数量,提升用户的平均等级,利于玩家驻留,阶段性区间奖励利于新手用户熟悉游戏,降低体验门槛。

冲级式活动的缺点是：需要考虑外挂因素和对职业刷号玩家的影响。

### F.3.9 BUFF 式活动

BUFF(游戏中指给某一角色增加"魔法",也指在游戏版本更新时,对某一个职业、种族和技能等进行增强)式活动的特点是：能在短时间内急剧提升在线人数,侧面提高玩家在线时长和各项数据指标,结合其他形式活动可以有效地提升销售和消耗。

BUFF 式活动的缺点是：容易缩短产品生命周期、活动时长和次数需要严格控制、活动结束后在线人数会陷入低潮期、需要其他活动方式来进行拖延以及在线人数峰值对服务器会有一定短期压力等。

### F.3.10 BOSS 式活动

BOSS 式活动的特点是：娱乐性强,能让玩家更好地感受击杀 BOSS 的快感,也能够提升玩家在线人数,侧面提高销售和消耗。

BOSS 式活动的缺点是：容易被专业 BOSS 队包团,影响其他玩家游戏体验。

### F.3.11　问答式活动

问答式活动的特点是：通过答题的形式降低活动参与门槛，给予所有玩家公平竞技的机会，如果问题内容多样化，可间接宣传游戏。

问答式活动的缺点是：需要大量题库支持。

### F.3.12　收集式活动

收集式活动的特点是：收集指定道具的概率可控，兑换奖励的风险认为可控，参与门槛低，玩家易于接受。

收集式活动的缺点是：需要开发支持。

### F.3.13　寻宝式活动

寻宝式活动的特点是：纯粹娱乐性，增加玩家在线乐趣，可通过其他辅助活动来优化此类活动，侧面提升销售和消耗。

寻宝式活动的缺点是：活动本身对销售和消耗没有直接影响。

### F.3.14　送信式活动

送信式活动的特点是：此类任务已经过多泛滥，俗称泡菜任务，因此活动形式结合当前时政热点让玩家切身感受与众不同才是上策。

送信式活动的缺点是：需要适时开发。

### F.3.15　在线式活动

在线式活动的特点是：能极大地提升在线各项指标数据，因目前市面上已经很少有计时收费游戏，因此此类活动需要搭载销售活动来促进销售提升。

在线式活动的缺点是：容易产生大量小号挂机，会对游戏部分数值指标产生偏移影响。

### F.3.16　商城式活动

商城式活动的特点是：商品打折、显示销售、捆绑销售、限人购买、团购等形式最终目的还是扩大销售额，提升付费率。

商城式活动的缺点是：容易造成玩家大量充值后积压消耗品，应结合消耗类活动同时进行。

### F.3.17　其他活动

其他活动的特点是：基本属于穷吆喝，获奖门槛很高，主要为了媒体曝光度。

其他活动的缺点是：需要进行量度限制以及活动详细条款的指定，避免产生活动漏洞。

# F.4　活动运营的针对性

　　活动运营的针对性包括：针对的是免费用户、小额付费用户、大户、公会用户，还是个人用户；活动的目的是什么；目前游戏处于哪个阶段；目的是提升活跃度、付费率、ARPU、留存、冲在线人数、降低游戏通货膨胀，还是降低玩家手中资金留存；游戏是哪种类型（时间收费游戏需要提高在线率，支持玩家拉新，而道具收费游戏则需要刺激玩家消费）等。

　　一个用户从第一次参与游戏，到最后一次参与游戏之间的时间，称为生命周期，一般计算平均值，所有运营都会提升游戏的生命周期，其价值（Life Time Value，LTV）是指用户在生命周期内为该游戏创造的收入总计。生命周期可以看作一个长期累计的 ARPU 值，计算方式是对每个用户求平均，即 LTV＝ARPU·LT（按 15 天或 30 天计平均生命周期）。

　　除了以上数据的分析外，还有很多需要分析的地方，如游戏内货币的消耗分析、活动效果分析和推广效果分析等。优秀的运营，不在于把一堆数据分析得头头是道，而在于找到一个关键数值，并把它做到极致。其他所有的数据只不过是这个数值的分支，或者说是提高这个数值的另一个入口。关键数值可以是收入、用户数、活跃度或 ARPU 等，它必须是一个可以顺着这个数值找到具体执行方向的数据指标。数据分析更依附于分析人员对产品的理解和对用户的了解，通过个人的经验加上客观数据，可以判断出运营调整方向。

# 后　记

　　本书的写作得到了四川大学、数字媒体四川省重点实验室、四川大学独立游戏开发协会的支持,清华大学出版社盛东亮老师、钟志芳老师为本书的出版付出良多。此外,触控爱普游戏创新中心西南区总经理杨雍、成都触控未来技术总监刘克男也提供了帮助,四川大学计算机学院(软件学院)李雨珂、张逸、孙毅宏、刘洞宇、张建、甘伟平、陈泓屹、张旭和江楚镐等同学也在资料的整理中做了大量工作,在此一并致谢!